なぜ市民は〝座り込む〟のか

基地の島・沖縄の実像、戦争の記憶

安田浩一

朝日新聞出版

まえがき

石川元平《げんぺい》さんを訪ねたのは2022年の5月15日だった。沖縄は朝から雨が降り続いていた。風に煽《あお》られた太い雨の筋が、時折、窓を激しく叩きつけていた。

「あの日もそうでしたなあ」

石川さんはそうつぶやいた。

1972年のその日。ちょうど50年前だった。

沖縄は日本に復帰した。記念式典がおこなわれている那覇市で、石川さんは「沖縄県祖国復帰協議会（復帰協）」が主催するデモの隊列にいた。復帰協は米軍支配に反対するため、60年に結成された。デモ隊は米軍基地を残したままの復帰に抗議していた。

土砂降りの雨だった。デモ隊は雨に濡れた日の丸の旗を掲げていた。日の丸は、米国の圧政に対する抵抗のシンボルだった。

復帰協は結成以来、日の丸を掲げて運動を続けてきた。

闘争のなかで歌ってきた「前進歌」の歌詞にも日の丸は出てくる。

〈友よ仰げ日の丸の旗、地軸ゆるがせ　われらの前進歌、前進前進前進前進、輝く前進〉

石川さんが所属していた沖縄教職員会では「本土」から大量の日の丸を「輸入」していた。

「闘争の場に欠かせなかった。私たちは日本に復帰したかった。民主主義を獲得し、〝アメリカー〟支配のない沖縄を目指していた。その象徴が日の丸でした」

多くの沖縄住民にとって米軍こそが「アメリカー」だった。復帰とは、米軍基地のない、民主的な社会を獲得することだった。

だが――石川さんたちが望んだ基地の「全面返還」は叶わず、過重な基地負担をそのままにした「復帰」となってしまった。

だから抗議した。欺瞞《ぎまん》だと感じた。デモ隊は抗議のシュプレヒコールを繰り返しながら、与儀《よぎ》公園から国際通りに向かった。雨はますます強くなるばかりだった。

「雨に濡れた日の丸が、しぼんで見えた。これがうちなーんちゅの気持ちなのだと思った。沖縄は、復帰を喜んでいなかった」

あれから50年。

何か変わりましたか？　そう私が訊《たず》ねると、石川さんの口調は重くなった。しばらくの沈黙があり、そしてうめくような声が漏れた。

「違っていたね」

何がですか？

「期待していた復帰じゃなかった。あのときからわかっていたが」

その思いがずっと続いている。沖縄が強いられた不条理は変わっていない。「本土」から差別され続ける沖縄がある。いま、日の丸を手にすることはない。

米軍基地は押し付けられたままだ。県民の願いは常に後回し、いや、無視される。その沖縄を、〝嗤《わら》う〟者がいる。嘲《あざけ》り、差別し、冷たく突き放す「本土」がある。

私だって偉そうなことは言えない。本で読んだ知識以外の何ものも持たず、どこか他人事《ひとごと》のように沖縄を見ていた時代が、たぶん、ある。

石川さんは初の公選主席となった屋良朝苗《やらちょうびょう》氏の秘書を務めたこともある。

「屋良さんは沖縄が二度と国家権力に利用されることがあってはならないと話していた。私はその思いを共有するが、現実はどうなのか」

雨音が響く部屋で、石川さんは苦渋に満ち満ちた表情を見せた。

利用するどころか、卑下《ひげ》しながら弄《もてあそ》んできたのではないのか。沖縄での取材を積み重ねるなかで、私はそう思うようになってきた。

「本土」と沖縄を分け隔てているのは、間違いなく、構造的な差別の関係だ。それを考えることなく、「本土」は嗤う。沖縄はわがままなのだと冷笑する。まるで駄々っ子と接するように。

そんな社会の空気に抗《あらが》いたいと思った。いや、社会を変えるべきだと思っている。だから――いまも取材を続けている。それは、無知と無関心から完全に脱却したいという私個人の闘いでもある。

名護《なご》市辺野古《へのこ》の米軍新基地建設に反対・抗議するための、浜テントの「座り込み」は、2023年6月18日で7000日に達した。

「座り込む人々」は私に、「本土」の人間として何をすべきか、何をしてはならないのかを、自らの行動で示してくれた。

その風景の一部を本書でお伝えしたい。

目次

第4章　壊れていくメディア

第5章　「プロ市民」とは誰のことか

第6章 作られる「中国脅威論」

第7章 書き換えられていく事実

奄美大島
徳之島
伊江島
高江
那覇
辺野古
沖縄本島
米軍普天間
飛行場
慶良間諸島

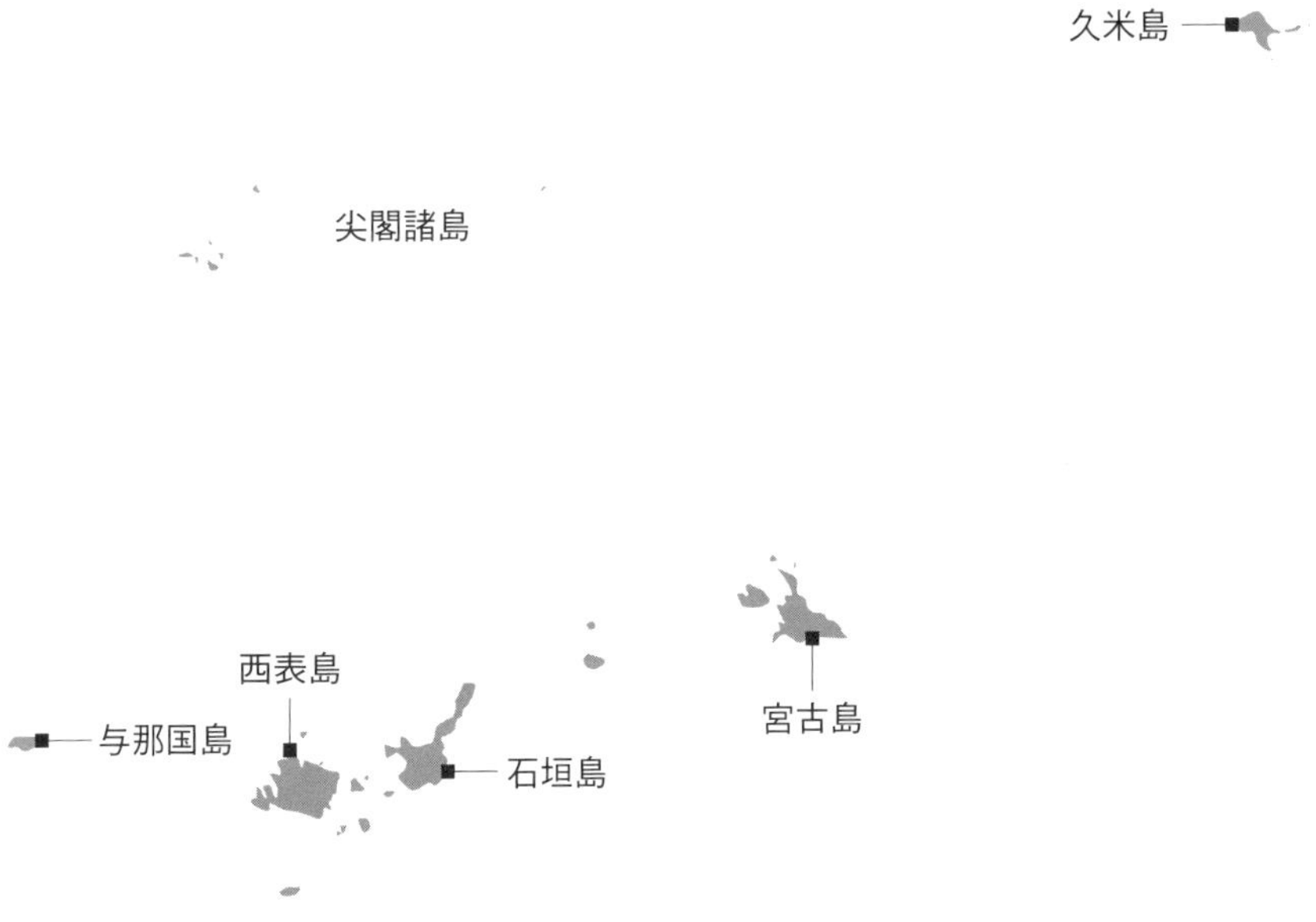
久米島
尖閣諸島
宮古島
西表島
与那国島
石垣島

原則として、肩書・年齢・組織名、その他データ等の数字は取材当時のものです。

本文写真：著者
本文デザイン：谷関笑子（TYPEFACE）

第1章 日本社会を覆う〝笑い〟の暴力

「論破王」が煽る嘲笑

船で沖に出た。波も穏やかな秋の日だった。

陽が差すと海面は磨きたてられ、透明度が増す。サンゴの影が色濃く映る。名護市辺野古の海は息をのむほど美しい。

だが、視線をわずかに横にずらすと、とたんに風景が澱《よど》んだ。

海岸から沖合に向けて、まるで海面をわざと傷つけるかのように設けられた突堤がせり出し、その上を重機がせわしなく動き回っていた。

土砂が積み上げられる。砂塵《さじん》が舞う。建設の槌音《つちおと》が響く。荒々しい暴力が静かな海を襲っている。

抗議船に乗船して沖合から新基地建設の現場を見た。圧倒的な力による「現状変更」が進む。辺野古の風景を変えていく。

なんという無残な姿だろう。心がざわざわと騒ぐ。視界から色彩が奪われる。

「(2022年秋の時点で) 工事着工から5年が経過しています。これでまだ全体の2割にも達していないんですよ」

抗議船の〝船長〟を務める牧師の金井《かない》創《はじめ》さんが険しい表情で説明する。

米軍の辺野古新基地は海底で見つかった軟弱地盤を改良しなければ完成することはないが、その見通しはまるで立っていない。実現性すら危ぶまれる新基地建設に、それでも政府は天井知らずのカネを注ぎ込む。いつ完成するのか、果たしてそれが本当に必要なのかもわからぬまま、惰性のように工事だけが進められる。

埋め立て工事が進む辺野古沖

一方、工事車両の進入路となっている米軍キャンプ・シュワブのゲート前では、その日も多くの人々が座り込みを続けていた。新基地建設に反対する人々だ。連日、ここで抗議活動が続けられている。

埋め立てに使う土砂運搬用のトラックが近づくたびに、人々は路上に座り込む。工事の進《しん》捗《ちょく》を遅らせるための、体を張った抵抗だ。抗議行動の参加者の多くは高齢者である。沖縄戦の記憶が全身に刻印された世代だ。

基地建設に反対する声が響く。反対の意思を示したプラカードが掲げられる。

警告を繰り返していた警察官は、一定の時間を過ぎると「排除」に動いた。怒声が飛ぶ。悲鳴が上がる。警察官によって、座り込む人々の両手両足が持ち上げられ、じゃまな荷物を脇に放り投げるかのような「ごぼう抜き」が繰り返される。

なぜ、そこまでして基地建設反対の意思を示すのか。

もはや幾度も語られ、どれだけ手垢《てあか》のついた言葉であろうとも、私は繰り返さなければならない。たかだか国土の0・6%の面積しか持たぬこの小さな島に、全国の米軍専用施設の7割が集中しているのだ。しかも戦争の記憶が残るこの島に。もう二度と島を戦場にしたくないと願う人々の気持ちが、戦争を引き起こすために機能する基地を忌避《きひ》するのは当然ではないか。だから、これ以上基地を増やさないでくれと主張しているのだ。

これを揶揄《やゆ》する者がいる。抵抗する姿が滑稽だと笑う者がいる。基地反対など無駄だと突き放す者がいる。必死になってこぶしを振り上げる姿を茶化《ちゃか》す者がいる。

その典型と言えるのが、ネット掲示板「2ちゃんねる」（当時）の創始者で、テレビのコメンテーターとしても活躍する「ひろゆき」こと西村博之氏であろう。

〝騒動〟の端緒となったのは2022年10月3日、ひろゆき氏がツイッターに投稿したツイートだった。辺野古の抗議現場（キャンプ・シュワブのゲート前）を訪ねたひろゆき氏は、座り込み参加者の姿がどこにも見えなかったことから、〈座り込み抗議が誰も居なかったので、0日にした方がよくない？〉とツイートをした。〈新基地断念まで座り込み抗議　不屈　3011日〉と書かれた看板の前でピースサインと笑顔で収まった写真をつけた投稿だった。

これが波紋を呼んだ。そもそも、ひろゆき氏が辺野古を訪ねたのは夕方、すでに抗議行動に参加する人たちが現場を去った後である。「誰もいない」のは当然だ。前述した通り、抗議の目的はトラックの進入を拒み、工事の進捗を遅らせることにある。工事を終えた時間帯に座り込んでも仕方ない。そんな必要はない。

だが、実際は座り込みなんてほとんどしてないじゃないか、その程度の抗議行動かと思わせるひろゆき氏のツイートには、多くの〝お客〟がついた。つまり人気者のひろゆき氏に賛同するコメントがひっきりなしに書き込まれたのである。

「基地建設反対運動のうさん臭さが浮き彫り

キャンプ・シュワブゲート前。警察官によって排除されていく抗議運動の参加者

となった」「しょせんが左翼老人のお遊び」「偏向したメディアが持ち上げているだけ」――。このように抗議運動を馬鹿にしたものから、「しょせんは外国勢力によって動かされているだけ」といったおなじみのデマもネット上では飛び交った。お調子者たちが勢いづいた。

沖縄は、またもや「笑い」の対象となった。そして貶《おとし》められた。

辺野古の抗議現場で私が耳にしたのは、そうした嘲《あざけ》りの風潮に対するやるせなさだった。

「反論されるよりも笑われるほうがつらい。尊厳すらも打ち砕かれる」

座り込みに参加する70代の女性はそう漏らして表情を曇らせた。

人を見下したかのような笑いに抵抗するのは難しい。真剣に怒れば怒るほどに茶化しの対象となってしまう。まさに「ネタにマジレス」。さらなる笑いを誘うことにもなる。

それればかりか、いまや辺野古の抗議現場は、笑いを得るための「名所」となりつつある。

「ひろゆき氏に影響されたのか、茶化すためだけに辺野古に足を運ぶ人も見かけるようになった」

そう話すのは、座り込みに参加している50代の男性だった。

「観光で沖縄を訪ねた人だと思います。座り込みを示す看板の前に立ってVサインで記念撮影するだけなんですけどね。なにか馬鹿にされているような気がして嫌な気持ちになります」

座り込みに参加している人々に共通するのは、これ以上沖縄に基地をつくらないでほしいという思いだ。その思いを、基地を押し付けている側の「本土」の人間が、どうして笑うことができるのか。座り込みが示す問いかけに応じることもなく、人々の怒りを「ネタ」として消費するだけの人間は、自らの加害性にとことん無自覚だ。

半笑いで座り込みを蔑《さげす》んだひろゆき氏に続けとばかり、こうした物見遊山《ゆさん》で辺野古を訪ねる者たちが後を絶たない。

なかには著名人もいる。

美容外科を全国で展開する高須クリニックの高須克弥《かつや》院長もそのひとりだ。

同年12月12日、辺野古を訪ねた高須院長は、抗議行動の継続を示す件《くだん》の看板の前で笑顔を浮かべ、〈誰もいないので座りこみしてあげたぜ〉などと記したツイートを投稿した。ひろゆき氏同様、工事のない夕方に足を運び、すでに抗議行動を終えて人々が去った後を狙って写真撮影したのだろう。

基地問題へのスタンスはこの際どうでもいい。問題は人の心を冷え冷えとさせる、その笑いのなかにある。高須院長もまた「抵抗」を嘲笑した。

工事に抵抗するからこその抗議行動である。繰り返すが、工事が休んでいるときに座り込みする必要などない。

高須クリニックのホームページでは、特定のクリニックが年末年始などの一部を除いて「無休」であることを説明しているが、深夜に訪ねても受診はしてもらえないだろう。それと同じことだ。

要するに基地建設も、そこに反対することも、他人事なのだ。どちらに転んでも自分の身は痛まないし、手も汚れない。ただの傍観者でありながら、地域の苦悩を想像することもなく、基地を押し付けたままに、娯楽として辺野古を揶揄する。こうした者たちにとって辺野古はＳＮＳの「ネタ」でしかない。いまも地方の保守系議員や有名ユーチューバーなどが、ひっきりなしに同地を訪ね、同じような「絵」をつくり、そして笑いながら辺野古を語る。

「自分事ではないからこそ、平気で人の傷口を広げるような行為ができるのですよね。いったい、何が楽しいのでしょう」

座り込みの参加者のひとり（70代女性）は、いまにも泣きそうな表情で、そう訴えた。

こうした〝ひろゆき騒動〟に、私は憤りと悲しみ以外のものを感じることはなかった。人を見下したような嘲笑が、真剣な怒りを無効化させる。ネット上でよく見ることのできる「w」(笑いを意味する記号)のカルチャーが現実社会に襲いかかる。

あえて言いたい。

私は悔しくて仕方ないのだ。

人間の怒りを、腹の底から沸き立つような怒りを、笑いと脅しで無効化させようとする者たちを心底許せない。私はこうした「笑い」が嫌いでたまらない。とことん軽蔑する。当然じゃないか。切実な思いを知ったふうな理屈で小馬鹿にされて、落ち着いていられるわけがない。あらゆる理不尽に対して、人はときに、地の底から沸き上がるような怒りをぶつけることがあるのだ。そこに嘲笑で応じる傲慢さは、ただひたすらに腹立たしい。醜悪な「笑い」に、背中が強張《こわば》るほどの憤りを感じる。

歴史を変えてきたのは人の怒りじゃないか。

あらゆる人権が、選挙権も女性の権利も働く者の権利も、激しい怒りによって獲得されたものだ。法律で定められた最低限の時給をもらえているのも、労働に休息が認められているのも、真剣に怒った人たちによって獲得された権利ではないか。1960年代の米国で公民権法を勝ち取ったのも、身を張って抗議した多くの人がいたからだ。笑われながら、暴力による弾圧を受けながら、それでも人々は闘うことで、怒りを表現することで世のなかを変えてきた。

だから私は笑わない。それがどんなに滑稽に見えても、美しくなくとも、激しい怒りで巨大な権力に立ち向かっている人々を嘲笑しない。

理不尽と闘ってきた人への、そして歴史と犠牲に対しての、敬意を忘れたくないのだ。

だが——「笑うものたち」は後を絶たない。嘲笑は絶え間なく辺野古の抗議現場にぶつけられる。

そこへ〝教祖〟たるひろゆき氏がさらに扇動の言葉をネット上に投下する。

〈長年続けて効果が無かったことが明確になっても、関係者のプライドを守るために止められない〉

〈論理的な反論が出来ない頭の悪い人は、気に食わない発言を「ヘイトスピーチ」と言ってみたり、「ネトウヨ」とレッテルを貼って反論した気になってますよね〉

こうした軽薄なツイートを繰り返すばかりか、御多分に漏れず、デマさえ繰り出す。

同年10月7日に配信されたユーチューブ番組で、彼は辺野古新基地の〝建設理由〟ともされる普天間《ふてんま》基地（宜野湾《ぎのわん》市）について次のように発言した。

「まあ沖縄の場合はもともと普天間の基地があって、普天間の基地の周りに住宅をつくっちゃったんですよね。普天間の周りってもともと何もなかったところなんですけど、基地の需要があったりして結果として住宅街ができてしまった」

手垢のつきまくった「定番デマ」だ。

つまり、普天間基地の移設も、それを理由とする辺野古の新基地建設に反対するのも、沖縄県民の「わがまま」だと言いたいのであろう。好んで基地を受け入れ、その近くにわざわざ移り住んで生活しているのに、いまになって反対している。そんなロジックで基地に反対する人々を批判しているのだ。

辺野古新基地建設の反対運動を笑う者たちは、まるでそうすることが作法でもあるかのように、市街地のど真ん中にある〝世界一危険な飛行場〟普天間基地の出自に言及し、基地問題は沖縄県民の自業自得だと突き放す。

しつこく繰り返されるデマ

沖縄に関係するこのようなデマは、これまで幾度となく流布されてきた。

本書の前作となる『沖縄の新聞は本当に「偏向」しているのか』でも詳述したが、ここでも繰り返す。

２０１５年6月25日、自民党の若手国会議員らが党本部で開いた勉強会「文化芸術懇話会」における作家・百田尚樹氏の発言などは記憶に新しい。

懇話会の講師として招かれた百田氏は、「沖縄のあの二つの新聞社はつぶさなあかんのですけど」と沖縄紙批判をぶち上げた後、こう続けた。

「もともと普天間基地は田んぼのなかにあった。周りに何もない。基地の周りが商売になるということで、みんな住みだし、いまや街の真ん中に基地がある。騒音がうるさいのはわかるが、そこを選んで住んだのは誰やと言いたくなる。基地の地主たちは大金持ちなんですよ。彼らはもし基地が出て行ったりしたら、えらいことになる。出て行きましょうかと言うと『出て行くな、置いとけ』。何がしたいのか」

また2010年にはケビン・メア米国務省日本部長（当時）も「基地は田んぼのなかにあった」と発言している（彼は他にも「沖縄はごまかし、ゆすりの名人」「怠惰でゴーヤーも栽培できない」などと発言。それ以前の沖縄総領事時代にも差別的言動を連発していた）。

あらためて、はっきりさせておきたい。

もともと何もなかった土地に米軍が基地を建設したわけではないのだ。

在沖米軍基地の始まりは、住民が捕虜収容されている間、米軍が勝手に必要な土地を鉄条網で囲い込み、それこそ「銃剣《じゅうけん》とブルドーザー」と形容される剝《む》き出しの暴力によって強権的に接収されたことにある。

普天間基地の敷地内には、かつて10の集落が存在し、約9千人が住んでいた。地域には豊富な湧水があり、それを生かして芋やサトウキビの耕作も盛んにおこなわれていた。

集落内には東西に七つ、南北に五つの通りが碁盤の目のようにつくられていた。近くには国の天然記念物にも指定された美しい松並木があり、住民の目を楽しませた。米軍が強制接収するまで、一帯は宜野湾の中心地であり続けたのだ。

郷土史誌『神山誌《かみやま》』には次のような記述がある。

〈本土並みと言えば道路こそ狭くて、うっそうとした木々に囲まれていたが京都風の碁盤の目のような街並みの風情を思わせる「ウチカイ美《ちゅ》らさ」の神山集落であった〉

神山とは現在の普天間基地のある場所を指す。

そのような地域で、地元住民を収容所に送り込んだ後に、基地建設が強行されたのである。いわば火事場泥棒的に〝強奪〟されたと言ってもよい。占領下の民間地奪取を禁ずるハーグ陸戦条約（戦時国際法）付属規則46条違反でもある。

さらに言えば、第1海兵航空団司令部が岩国基地（山口県）から移駐したのは76年のことだ。このとき、宜野湾市（62年に市制移行）はすでに人口が5万人を超えていた。市街地である場所に、わざわざ海兵航空団の側がやってきたのである。

つまり、「田んぼしかなかった場所に基地ができた」「商売目当てに基地周辺に人が集まった」といった言説は完全なるデマなのだ。

百田発言直後、私は普天間基地に隣接した場所に住む上江洲安徳《うえずあんとく》さんから話を聞いた。子どもの頃、現在は滑走路となった場所で両親とともに暮らしていた人だ。家族の墓は、いまも基地の敷地内、滑走路横にある。

上江洲さんは「Request for permission to enter United States Forces facilities and areas」と題された書面、つまりは米軍基地内への「入域許可申請書」を私に見せながら、「いちいち許可を取らないと、墓参りすらできない」と嘆いた。

基地ができてから人が住み着いたというデマを耳にするたび、自身が経験してきた過酷な人生は何だったのかと目の前が真っ暗になるという。平和な生活が戦争によって破壊され、そして家も土地も、いや、故郷そのものを失った。鉄条網の外に追いやられたのではない、自分たちが鉄条網のなかに押し込まれたのだと思っている。

だから「商売のために住み着いた」というデマを初めて聞いたとき、「憤りよりも虚《むな》しさでその場に崩れ落ちそうになった」と悲しげな表情を見せた。

「情けないというか、悲しいというか。結局、本土の人には私たちの思いが何も伝わっていないのかなあと。この基地のなかに、私たちの〝暮らし〟が存在したことなど、少しも理解されてないのかと思うと、戦後の時間っていったい何だったのだろうと思わざるを得ないんです」

　だから、普天間基地の移設地として辺野古に新基地がつくられることに関しても、明確に「反対」を口にした。

「強権的に（基地を）つくろうとしている点では70年前と変わりません。そりゃあ、土地を返してほしい。切実にそう思います。しかし、たとえば普天間の飛行場が辺野古に移設したところで気持ちが晴れるわけではない。沖縄の人間が鉄条網に囲まれて生きていく状況が続くのですから」

　こうした思いをひろゆき氏はおそらく知らない。いや、けっして知ろうとは思わないだろう。「尖《とが》った」言葉で世のなかを表現することこそ、彼やその仲間たちの存在意義なのだから。しかも「尖った」先を突きつけられるのは常に最も弱い立場にある人々だ。それが権力に向かうことはない。

　そうした言説と風景を、私は沖縄を取材する過程で幾度も目にしてきた。

　ひろゆき氏や、その取り巻きだけではない。

　辺野古の抗議現場に押しかける者たちのなかには、「差別」の旗を振りかざして恥じることのない県外のレイシストもいる。

　在特会（在日特権を許さない市民の会）や、その後継団体である日本第一党などは、何度も同地に嫌がらせ目的の「突撃」を繰り返してきた。

たとえば2017年。日本第一党のメンバーらは貸し切りバスで辺野古を訪れ、いきなり大音量のトラメガを用いて街宣活動をおこなった。

第一声は「臭い！」だった。

「辺野古は臭い。年寄りばかりじゃないか。臭いんだよ！」

そしてこれまで日本中でまき散らしてきたヘイトまみれの悪罵《あくば》をぶつける。

「じじい、ばばあ」「朝鮮人」「年寄りばかりで臭い」

そうマイクでがなり立てながら、皆で笑い転げる。抗議参加者が集まるテントに飛び込み、「隠れてるんじゃないよ」「風呂に入れ」と罵《のの》りながら、また笑う。

ここでも〝襲撃者〟たちの間では笑いが絶えない。差別と偏見が、笑いに包まれた弾《たま》となって撃ち込まれる。

「沖縄はあんな連中に笑われるために存在しているんじゃない」

うめくように漏らした座り込み参加者の言葉を私は忘れない。

沖縄は、沖縄の歴史は、基地に反対する沖縄の人々の思いは、生身の人間が訴える切実な声は、娯楽として消費されるものじゃない。

「ガマフヤー」が感じた哀れみ

一方、ひろゆき騒動を取材するなかで、「反論する気にもならない」と口にする人もいた。

沖縄戦遺骨収集ボランティア「ガマフヤー」の具志堅隆松《たかまつ》さん（68）である。

「人を見下した笑いには、哀《あわ》れみしか感じなかった」

諦念《ていねん》とも違う。それは心の奥底で熱を帯びた、静かな怒りではなかったか。

「ガマフヤー」とは沖縄の言葉で、ガマ（洞窟）を掘る人を意味する。沖縄戦では多くの兵士や住民が、ガマに身を隠し、そして亡くなった。手榴弾《しゅりゅうだん》などで自決する人たちがいた。米軍の砲撃や火炎放射器で焼かれる人もいた。県内に無数あるガマのなかには、いまもたくさんの遺骨が眠っている。具志堅さんは30年も前から、そうした沖縄戦犠牲者の遺骨収集に取り組んできた。

「声を上げることのできない遺骨を拾い、犠牲者の無念を伝えたい」

その思いだけで「ガマフヤー」であり続ける。

そんな具志堅さんが感じた「哀れみ」とは何なのか。

「嘲笑する人、無責任なデマを飛ばす人には、怒りや情熱も見ることはできない。何よりも、人間への共感というものがまるで感じられないんです。必死になっている人を見下し、馬鹿にしたいという気持ちは伝わってきます。でも、それだけ。言葉に奥行きもなければ、説得力もない。だから、ただ、哀れだなあとしか思えないんです」

その具志堅さんが「笑いの暴力」にさらされている場面を目にしたことがある。

2022年の夏だった。具志堅さんは東京・靖国神社前でハンストをおこなった。辺野古の埋め立てに使用される土砂の調達先に、沖縄南部地域が含まれていることを撤回するよう、国へ求めるためである。

県南部は沖縄戦の激戦地だった。いまもあらゆる場所で遺骨が埋まったままだ。犠牲者の遺骨が混ざった土砂を、よりによって基地建設の埋め立てに使うのは、死者への冒瀆《ぼうとく》である。具志堅さんはこれに抗議するため、あえて慰霊の参拝者でにぎわう8月中旬の靖国で、ハンストを決行したのだ。イデオロギーは関係ない。戦争の犠牲者を思う気持ちは、靖国に参拝する人たちも同じではないのか。そんな思いで靖国前の路上に座り込んだ。

だが──「愛国者」を自称する差別者集団（元在特会のメンバーなど）が、そこへ押しかけた。

「おい、売国奴」「ここから出て行け」

集団は怒声を飛ばしながらも、スマホのカメラを向けながら、やはりゲラゲラと笑っているのである。

その間《かん》、具志堅さんは言い返すわけでもなく、逃げるわけでもなく、その場で怒声と笑いを全身で引き受けていた。静かで穏やかな表情だった。

あのとき、どんな気持ちでしたか？

そう私が訊《たず》ねると、やはり「哀れみしか感じなかった」という。

「怒りがあるならば、それを伝えればいいし、笑いたければ笑えばいい。でも、その理由も根拠も、まるでわからないんです。何も伝わってこない。だから私だって怒りを持ちようがない。犠牲者を悼み、その尊厳を守ってほしいと私は訴えただけです。それをどんな立場で、批判しようとするのか。ただ見下したいだけなのか。少なくない人が押しかけましたが、その人たちは、どんな〝共感〟でつながっているのか。何もかもが、まったく見えなかった」

だから静かに、見下した視線と行動をやり過ごした。

具志堅さんにはもっと切実な「理由」も「根拠」もあるのだ。どれだけ罵られても、あざ笑われても、穏やかな表情を崩さない具志堅さんこそが、「愛国者」を自称する者たちよりも、堂々とした態度に見えた。

犠牲者と向き合う「覚悟」が、ヘラヘラ笑うだけの軽薄な「愛国者」とはまるで違うのだ。そもそも、この者たちが言うところの「英霊」を、国は土砂と一緒に海に投げ込もうとしているのである。それを許容することじたい、「愛国者」のインチキぶりが透けて見えよう。おそらく、そんなことは何も考えていないのだろう。

「愛国者」はヘラヘラとよく笑う。笑いながら怒鳴り散らし、何の主張もしない。彼ら彼女らの頭のなかにあるのは、せいぜいが動画の再生回数だけなのだろう。

具志堅さんが初めて沖縄戦の遺骨を土中から発見したのは40年前、28歳のときだった。その頃、ボーイスカウトのリーダーを務めていた。活動の一環として「本土」から来た遺族の遺骨収集を手伝う機会があり、多数の人骨を掘り起こした。

それまで、人骨を見たことがないわけではなかった。沖縄戦の傷跡が残る時代に少年時代を過ごしてきたのだ。土中に残る薬莢《やっきょう》も砲弾の破片も身近な存在だった。人骨に触れたこともあった。

だが、そのとき目にした多数の遺骨に、「胸がざわついた」。

現在は新都心と呼ばれる那覇のおもろまち地区である。

1945年5月、1週間にわたって、日米両軍がこの場所の丘で戦った。おもろまち駅の近く、いまはダイワロイネットホテルと東横インの間に挟まれた場所である。迫撃砲が飛び交い、さらには互いが間近で手榴弾を投げ合う白兵戦が続いた。米軍はこの丘を「シュガーローフ・ヒル」と呼んだ。シュガーローフとは円錐《えんすい》形に固めた砂糖菓子のことで、すり鉢状の山を意味する軍隊の俗語でもある。

激しい戦闘で米兵が死んだ。日本兵が死んだ。地元の住民が死んだ。

米軍が制圧するまで、日米間でシュガーローフの争奪が11回も繰り返された。日米両軍が丘の頂上で1日に4回入れ替わることもあったという。記録によると、この戦闘で米軍は2600人の死傷者を出した。日本側も学徒隊・住民を含め多数の死傷者を出したが、その数は把握できていない。米軍は土地造成の際、米兵の遺体は回収したが、日本人の遺体は重機で埋めてしまったという。

だからこそ、同地には無数の人骨が土中に放置されたままになっていた。

具志堅さんは、このときの経験をきっかけに、自ら遺骨収集の先頭に立つようになった。

「犠牲者の尊厳を守るため」

その信念だけで、ひたすら「ガマフヤー」であり続けたのだ。

遺骨は劣化する。遺族も高齢となった。

「私も歳《とし》をとった。残された時間を意識するようになりました」

あとどれほど活動できるのか。掘り続けることができるのか。見捨てられた犠牲者をあとどのくらい見つけることができるのか。不安も大きい。焦りもある。それでも掘り続ける。すべては「尊厳」のためである。死者の「尊厳」を生者が守る。それを自身に課してきた。

だから――具志堅さんは笑う者たちと争う気にもならない。

静かに、そして厳しく、笑いと罵声の先にある「未来」を見つめる。立ち止まっている時間などないのだ。

いまも、沖縄の土の下では、物言えぬ遺骨が、尊厳を取り戻すことのできる日を待っている。

具志堅さんから話を聞いた後で、私はおもろまちに向かった。「シュガーローフ」の丘に上る。

丘の頂上には展望台がつくられていた。沖縄戦の痕跡を確認することはできない。「シュガーローフの戦闘」について記された小さな碑が設置されているだけだった。

展望台の上から新都心の街並みを見下ろした。商業施設やビルが連なる。正面には新都心のランドマークである大型免税店「Tギャラリア」が見えた。

想像する――ビルの谷間で、出し抜けに戦争の記憶が現れた。殺し合い、傷つき、倒れた数千人の骨が足元には埋まっている。そう考えた瞬間に、風景はモノクロームに染まった。

沖縄には、そうした場所が限りなくある。

その記憶を抱えた人が、いまなお生きている。

「座り込み」が動かした歴史

「基地建設反対の座り込みなんて意味がない」「金もらってやらされてるだけじゃないのか」――〝ひろゆき騒動〟を端緒に、そのような声がネット上であふれるなか、どうしても会いたい人がいた。

佐々木末子さん（74）。「座り込み」によって、沖縄の歴史を変えたひとりである。

私は佐々木さんが通っている市民団体の事務所を訪ねた。

話を聞きたいのはもちろんだが、お願いごとがあった。

言いたくてうずうずする。でも、いまじゃない。そんな葛藤を繰り返しながら、佐々木さんの話を聞くこと約2時間。ようやく私は切り出した。

歌っていただけませんか――。

おそるおそる私が懇願すると、佐々木さんは少しばかり困った表情を見せた。

「歌えるかなあ。人前で歌うなんて何十年ぶりだし」

照れたような表情を見せる。そりゃあそうだ。いきなり訪ねてきた記者を前に、歌を披露することなど躊躇《ちゅうちょ》して当然だった。頼むほうがどうかしている。

でも、佐々木さん、居ずまいを正した。咳《せき》ばらいをひとつ。あっ、歌ってくれるんだ。

〈東シナ海　前に見て　わしらが生きた土地がある　この土地こそは　わしらがいのち　祖先譲りの宝物〉

静かな、しかし海面にじわじわと波紋が広がるような、優しく潤《うる》んだ歌声だった。

「一坪たりとも渡すまい」

基地建設に抵抗する農民の歌だ。１９６７年に完成したこの歌は、いまも辺野古の新基地建設に抗議する現場で響く。私は辺野古取材の際に何度も耳にしてきた。辺野古だけではない。理不尽に怒る沖縄の人々の間で、半世紀以上にわたって歌い継がれてきた。

歌詞を書いたのは佐々木さんだ。まだ10代の頃だった。

「怒りと悲しみが入り混じった頭のなかで、歌詞がぱっと浮かんだ。思いをみんなに伝えたかった」

昆布《こんぶ》土地闘争――当時、沖縄を揺るがせた闘いのなかで、この歌、「一坪たりとも渡すまい」は生まれたのだった。

沖縄を統治していた米軍が、具志川村《ぐしかわ》（現うるま市）昆布地区の土地約2万1千坪を接収すると通告したのは66年1月のことだった。

村の多くの土地は、終戦直後からすでに軍用地として米軍に奪われていた。海岸には当時で7千トン級の船が横付け可能な米軍桟橋《さんばし》が設置され、航空用燃料タンクの施設などが並んでいた。昆布地区に隣接してナイキ・ハーキュリーズ（地対空ミサイル）が配備されたこともあった。

そんな場所へ、米軍は強制収用をちらつかせながら土地の提供を求めてきたのである。ベトナム戦争が激化していた時期でもあった。米軍は同戦争に必要な軍需物資の集積所として使用するため、桟橋に近い昆布地区の土地を必要とした。

「サトウキビと芋が採れるだけの畑が広がっていました」と佐々木さんは述懐する。

もともと決して豊かとは言えない人々が暮らす集落だった。戦前はほとんどの家庭から南洋

かつて座り込んだ場所で取材に応じる佐々木末子さん

（サイパンやパラオなど）への出稼ぎ者を出している。そうした出稼ぎ者の送金で、昆布地区は細々と開墾を続けてきたのだ。

戦後、南洋各地から出稼ぎ者が命からがら集落に戻ってきた。戦争ですべてを失った人々は、それでも廃墟となった沖縄での再興を誓い合った。

国に、戦争に、人々は翻弄《ほんろう》された。それでもようやく、貧しくとも生活が落ち着いてきたその矢先に、米軍は荒地で育まれた小さな幸せさえ奪おうとした。土地を寄越《よこ》せ、さもなくば強制接収すると恫喝《どうかつ》したのである。農民たちの闘いは66年の年明けから始まった。

村民集会を開いて土地の明け渡し拒否を決議し、接収予定地での座り込みを続けた。反対運動の拠点となる闘争小屋も建てた。小屋といっても、米軍のパラシュートを屋根として張っただけの簡易なテント小屋だった。

接収に反対する地元の農民で結成した「昆布土地を守る会」の会長は、佐々木さんの父、佐久川長正さんだった。土地所有者の多くは戦争で夫を失った女性たちで、「ちゃーないがや（どうなるかね）、長正」と佐久川さんは村の皆から頼りにされていた。

だが、闘いが始まったばかりの頃、佐々木さんは「傍観者でしかなかった」という。「だって、アメリカに勝てるとは思えなかった。その頃の米兵はやりたい放題で、車でひき逃げしたって罪に問われない。警察も手を出すことのできない特権階級でした。それに比べて、昆布の人たちは何の権力も持たない素朴な農民ばかりでした。どうすればそんな特権階級相手に勝てるというのでしょう。土地を奪われる悲しみはあったけれど、何をしたって無駄かもしれないという、諦めも抱えていたんです」

超大国の軍隊を相手にするという観念ではなく、たとえ人を殺しても罪に問えず本国に逃げてしまう米兵がいるのだというリアルな現実が、佐々木さんの心に「諦め」を植え付けていた。

それでも、あらゆる理不尽に翻弄され続けてきた農民たちは諦めなかった。偵察に来る役所の人間を、米軍人を追い返し、座り込みを続けた。

佐々木さんも徐々にその思いを理解するようになる。

「これはただ単に土地を守るというだけの運動じゃないんだ、人間の尊厳を懸けた闘いなんだって、座り込む人々の悲痛な表情を見ながら、

かつての闘争小屋は現在、佐々木さんの自宅になっている

そう考えるようになったんです」

決定的なできごとがあったのは66年12月30日の夜。約20人の米兵に闘争小屋が襲われた。指笛の合図とともに小屋に向かって一斉に石が投げ込まれ、支援団体の旗が軒並みへし折られた。やりたい放題の米兵に対し、農民たちは手も足も出なかった。

佐々木さんはその夜のことをはっきり覚えている。

「お月様が血の色に染まったんです」

そう振り返る。

「その日はお月様のきれいな夜だったんです。うっとりしながらそれを眺めていたときでした。そんなときに米兵が襲いかかってきました。笑いながら投石を続ける米兵たちを、私はこわくて、ただ見ているしかなかった。そしたらね、青白く光るお月様が、急に真っ赤に変わったんです。私の目が血走っていたのかもしれません。とにかく、真っ赤な血の色に染まったお月様が夜空にあった。泣きましたよ。怖くて、悲しくて、悔しくて」

そして、ベトナムではさらに残酷な戦争がおこなわれていることを考えた。

「この土地を、ベトナム戦争に加担させてはダメだと強く決意したんです」

佐々木さんが仲間とともに伊江島《いえじま》を訪ねたのは翌67年のことだった。

同じように土地闘争を闘ってきた伊江島の人たちから話を聞くためだった。

伊江島でも米軍の土地接収に抗議する熾烈《しれつ》な闘いが繰り返されてきた。それはまさに、「銃剣とブルドーザー」による土地の強奪だった。伊江島の闘いを非暴力で貫き、島民たちの信望を集めたのが平和運動家の阿波根《あはごん》昌鴻《しょうこう》さん（故人）だった。島を訪ねた佐々木さんたちに、阿波根さんは「おそれるな」と励まし、非暴力抵抗運動を貫くことがいかに大事なのかを伝えた。

「米兵も同じ人間だと阿波根さんは言うのです。だからこそ、徹底して非暴力で、しかし諦めない闘いをするのだと伝えてくれました。優しくて強い人でした」

座り込む。ただひたすら座り込む。そして絶対に諦めない。そんな昆布の闘いは、阿波根さんの教えが根底にある。

そしてもうひとつ。佐々木さんが衝撃を受けたのは、伊江島の闘いのなかで生まれた曲「陳情口説《くどうち》」だった。

〈わが土地ゆ　取て軍用地　うち使てぃ（わが土地を奪って軍用地に使ってます）〉の歌詞で知られる「陳情口説」を島の人が三線《さんしん》で披露してくれた際に、「心がザワザワした」のだという。

伊江島から戻る船のなかで決意した。

「昆布の闘いを、同じように歌にしなければならないと思ったんです。歌にすることで、歌い継がれることで、世のなかが変わるのだと信じました。船のなかから海を見つめていたら、どんどん詞が浮かび上がってきたんです」

帰宅して、ギター片手に曲もつくった。そしてできたのが「一坪たりとも渡すまい」だった。のちに沖縄を訪ねた大西進さん（うたごえ運動の活動家）に編曲してもらい、歌は昆布から沖縄各地へ、そして全国の闘いの場所で、歌われるようになった。

ちなみに昆布地区は太平洋に面しているにもかかわらず、歌詞に「東シナ海　前に見て」とあるのは、伊江島で目にした東シナ海のイメージを大切にしたかったからだ。それは伊江島の闘いに学ぶのだという佐々木さんなりの思いだった。

歌の2番では〈われらは　もはや　だまされぬ〉と昆布の人々の決意を示し、最後の3番で米軍のベトナム爆撃を非難した。

すべてが昆布につながり、そして世界に広がる、悲しい反戦歌なのである。

昆布の人々は、座り込んで歌った。スクラムを組んで歌った。米軍から投石を受けても、何者かによって闘争小屋が燃やされても、それでも諦めなかった。奪われないために、守るために、そして社会を変えるために、人々は座り続け、歌い続けた。

そして——素手で闘った農民たちは勝ったのである。

71年7月7日、米軍は土地接収の断念を発表した。66年の最初の通告以来、強制接収を可能とする「即時占有譲渡命令書」を17回も通告しながら、米軍はまさに「一坪たりとも」奪うことができなかったのだ。

翌日の地元紙「沖縄タイムス」は、〈ついに土地を守り抜く〉〈正しい戦いは勝つ〉と大きな見出しを掲げた。

昆布闘争の勝利は、沖縄の民衆史にとっても輝ける記録として刻印される。

だが――いま、佐々木さんの表情はさえない。

歌が生まれてから56年。その間、さまざまな現場で歌い継がれてきた。いまも、辺野古で歌声が響き渡る。

「その現実に、打ちのめされているんです。まだ、歌わなければいけないのかと」

米軍基地をめぐって闘争が続く。その現実は、以前と変わらぬ不平等と不均衡、そして沖縄への差別が続いていることを意味する。

さらに。

「たとえば、ひろゆきさんの件。辺野古を訪ねて、運動の現場にいる人を笑った。デマを交えて、闘いを侮蔑した。そのことが……」

一瞬の間を置いてから、佐々木さんはぽつりと漏らした。

「許せないんです」

「座り込み」という言葉をめぐる不毛な議論が端緒だったが、その後、本土の「識者」をも巻き込み、「運動のあり方」「座り込みの是非」といった方向に流れた。

許しがたいのは、そこに乗じて運動に関するデマが飛び交うことだけでなく、何よりも、少なくない者が「運動」そのものを嘲笑したことにある。

佐々木さんは、しょげかえったような声で話す。

「昆布闘争のときだって、批判はあった。暴力による脅しもあった。でも、笑われたことは……なかった」

私たちはいま、そんな時代を生きている。生真面目に語るほど、被害者が被害を訴えるほど、理不尽に対して抵抗するほど、嘲りの言葉が返ってくる。

だが、忘れてはなるまい。

繰り返す。社会を変えてきたのは嘲笑ではなく、怒りと信念である。そう、昆布土地闘争がそれを示した。

「尊厳が奪われない限り、私たちは負けないと思うのです」

そんな佐々木さんの控えめな言葉こそ、私は社会を変える大きな力になるのだと信じている。

だからあえて私は叫ぶ。何度でも繰り返す。

笑うな。必死に生きている人を嘲るな。

何が「分断」を強いているのか

私が「笑いの風景」にこだわるのは、それが差別の現場から発せられることが多いからだ。

今世紀に入ったばかりの頃から、外国人や障がい者、貧困者、セクシュアルマイノリティや女性に対する差別の問題を追いかけてきた。

そうした現場で意識せざるを得なかったのは、当事者へ向けられた嘲笑、冷笑といった「笑い」の暴力である。

差別と偏見から発せられた「笑い」は人を見下し、蔑み、正当な怒りを孤立化させる。反論を封じ、相手に無力感を与える。知識も論理も持たない人間が唯一、議論を終結させるに必要な醜悪な武器でもある。

振り返れば、あらゆる差別は常にこうした「笑い」とともにあった。

在日コリアンは日本人とは違うのだとあざ笑う者たちがいた。障がい者は健常者に迷惑をかけるなと突き放すように冷笑する者がいた。そして、女性がレイプされるのには、それなりの理由があるのだとニヤつく者たちがいた。

英国BBCが制作した番組「Japan's Secret Shame（日本の秘められた恥）」が放

映されたのは2018年6月のことだった。

性暴力被害を訴えているジャーナリスト・伊藤詩織さんを取り上げたドキュメンタリーだ。

伊藤さんは15年4月、TBSワシントン支局長（当時）の山口敬之《のりゆき》氏に性暴力を受けたと警察に被害届を出した。しかし逮捕令状が出たにもかかわらず逮捕は見送られ、翌年、山口氏は嫌疑不十分で不起訴処分となった。伊藤さんはこれを不服として検察審査会に申し立てをしたが、17年、不起訴相当と議決されている（民事訴訟では「山口氏が同意なく性行為に及んだ」として、22年に伊藤さんへの賠償命令が確定した）。

番組は伊藤さんの証言をもとに、こうした一連の流れを追いかけると同時に、支援者や批判者の双方を取材。性暴力被害者をまるで罪人のように追い込む、まさに日本社会の「秘められた恥」に鋭く切り込んだ。

番組のなかで多くの視聴者が注目したのは、おそらく、自民党の杉田水脈《みお》衆院議員へのインタビューではなかろうか。「LGBTには生産性がない」の発言で知られる、あの杉田議員である。

彼女はこれまでにも伊藤さんの訴えに対して否定的な見解を述べてきた。同番組でも山口氏を擁護したうえで、あらためて伊藤さんへの批判を繰り返した。

「彼女の場合はあきらかに、女としても落ち度がありますよね。男性の前でそれだけ飲んで、記憶をなくしてっていうようなかたちで」

「社会に出てきて、女性として働いているのであれば、それは嫌な人からも声をかけられますし、それをきっちり断ったりとかするのも、それもスキルのうちですし」

女性の側に落ち度がある——これまでわが国において性暴力被害者を必要以上に傷つけてきたのは、こうした〝セカンドレイプ〟ともいえる言説だ。必要以上に女性の側の責任ばかりを強調し、さらには女性なのだから少しは我慢しろ、といった〝圧力〟が、被害を訴え出ることすらも躊躇させる。本来、磨くべきは女性の〝スキル〟ではなく、男性のモラルであることは言うまでもない。

しかも杉田議員は、伊藤さんが「嘘の主張」をしているのだとして、「男性側のほうが本当にひどい被害を被《こうむ》っているんじゃないかなというふうに思っています」とも答えている。

啞然《あぜん》とするしかない。杉田議員とて、伊藤さんがどれだけ深刻な「被害」を被ったのか、知らないわけがなかろう。「売名行為」「売春婦」——そうした誹謗《ひぼう》中傷、罵詈《ばり》雑言は、いまもネット上にあふれている。勇気をもって告発した女性に、バッシングの弾を撃ち込むのが、いまの日本の言論状況だ。

伊藤さんへの憎悪を煽っているのは、なにも無名のネットユーザーばかりとは限らない。

BBCの番組でも一部が紹介されていたが、杉田議員をはじめ、保守系の国会議員や識者と呼ばれる者たちも、率先して〝扇動役〟を務めた。

自民党の和田政宗参院議員、日本維新の会の足立康史《やすし》衆院議員、経済評論家の上念司《じょうねんつかさ》氏などは、ネットの報道番組に山口氏と一緒に出演。「めでたく日の目を見られるようになった山口さん」などと茶化しながら、皆で乾杯する様子を放映した。しかも司会者が「知らない方がいたら、ネットなど検索しないで」と呼びかけるとスタジオは笑いの渦に包まれた。

また、やはり伊藤さんを〝ネタ〟にした別のネット番組には、杉田議員、イラストレーターのはすみとしこ氏、自民党の長尾敬《たかし》衆院議員（当時）が出演。ここでも徹底的に伊藤さんを貶めた。はすみ氏は〈枕営業大失敗〉とタイトルのついた伊藤さんをイメージしたイラストを掲げ、出演者がそれを見ながら手を叩いて笑い転げるといった醜悪な展開だった。

ひとりの女性が受けた深刻な性被害も、酒瓶が並んだスタジオでは〝肴《さかな》〟でしかない。とにかく、出演者はよく笑う。グラスを片手にゲラゲラ。〝事件〟のおかげで有名になったのだから「枕営業は成功したんだよ」とゲラゲラ。いったい、何がそんなにおかしいのか。被害当事者を侮辱することが、そこまで面白いのか。

人間を傷つけ、貶め、嘲るためだけに笑っている。ただただ、おぞましい。

さらに、こうした番組を視聴しながら、同じように笑っているであろう者たちの存在を想像すると暗澹《あんたん》とした気持ちになる。著名人の軽はずみな発言に煽られたネットユーザーによって、伊藤さんはますます追い詰められる。

思えば、最近の右派・保守派を自称する人々は、いつも笑っている。取材現場で、このような「笑い」を幾度となく視界に収めてきた。

私が真っ先に思い浮かべるのは、在日コリアンの「追放」を訴えるヘイトデモだ。「死ね」「出て行け」「追い出せ」とあらん限りの罵倒を、差別と偏見に満ちた言葉を在日コリアンにぶつけながら、参加者の多くはいつも笑っていた。ヘラヘラと笑いながら高揚していた。ヘイトデモの隊列に参加する者たちは、人間の尊厳というものに何の関心も払わない。「笑い」は差別の道具としてのみ機能する。

そして沖縄――。これまで基地問題を取材しているときも同じだった。

前述のように、辺野古では米軍の新基地建設に反対して連日、多くの人が座り込んで抵抗している。ほとんどは高齢者だ。戦争の記憶を残した世代である。そこに、差別主義者や右翼が押しかける。

「じじい、ばばあ」「朝鮮人」「年寄りばかりで臭い」。そうマイクでがなり立てる者がいて、それに笑いで応える者たちがいる。

「アンニョンハセヨー！」と叫びながら市民が集まるテントに飛び込み、「隠れてるんじゃないよ」と言いながら、また笑う。

〝襲撃者〟たちの間では笑いが絶えない。

後に詳述するが、「笑い」という暴力で沖縄の基地問題を「番組」に仕立て上げたテレビ制作会社も存在する。この番組では、座り込みをする高齢者を「シルバー部隊」と揶揄し、「日当もらっている」「在日が関係している」「中国の影響を受けている」とデマを飛ばしながら、スタジオ出演者は大口を開けて笑った。

新基地建設に反対するために座り込みを続けているひとりはこの番組を見た直後、私にこう訴えた。

「デマを流していることが許せない。ろくに取材もしていないことが許せない。でも、何よりも許せないと思ったのは、地元の年寄りを笑いものにしていることです」

沖縄戦では県民の4人に1人が犠牲になった。いまなお身体に、心のなかに傷を抱えた人も少なくない。消すことのできない記憶に苦しめられている人もいる。だからこそ、二度と沖縄を戦場にしたくはないのだという思いで、多くの戦争体験者が座り込みに参加している。

同番組はこうした人々を嘲笑した。しかも、ありったけのデマと偏見を動員して。さらにネット上では、この番組を称賛する者たちが、座り込む人々を「プロ市民」だと囃《はや》し立てた。

ちなみに、先に名を挙げた議員や識者に共通するのは、そのほとんどが沖縄の反基地運動にも批判を繰り返してきた者たちであるということだ。

杉田議員は何度か辺野古に足を運び、基地に反対する市民の前で、「そこに座っているだけで日本の平和を守っていけるのか」「沖縄の基地は防衛のかなめ」などと〝カウンター街宣〟している。また、辺野古の反対運動についても「大阪のあいりん地区などから日雇い労働者をリクルートしている」などと発言している。

和田議員もやはり辺野古を訪ね、市民グループに対し「テント設置は不法行為。速やかに撤去すべきだ」などと要求したことがある。

2015年6月の「文化芸術懇話会」に参加していたのは長尾氏だ。作家・百田氏が「沖縄のあの二つの新聞社はつぶさなあかん」と発言した勉強会において、長尾氏も次のように発言している。

「沖縄の特殊なメディア構造をつくったのは戦後保守の堕落だ。沖縄の歪《ゆが》んだ世論を正しい方向に持っていくためには、どのようなアクションを起こすか。左翼勢力に完全に乗っ取られているなか、大事な論点だ」

また、過去にも「沖縄のいびつなマスコミ、後押しする左翼勢力、バックにある中国共産党の工作員の存在」などと演説したこともあった。

上念氏は後に述べる「番組」のレギュラー出演者だ。問題となった沖縄特集でも、辺野古の反対運動を指して「隙間産業ですね。何でもいいんです。盛り上がれば」と述べている。

〝枕営業〟イラストの描き手であるはすみ氏も、反基地運動を批判する書籍にイラストを描いているほか、〈日当　弁当　交通費　ちゃっかり出てる　プロい人〉と反対派市民を揶揄した絵を発表したこともある。

そう、みんなつながっているのだ。彼ら彼女らにとって、伊藤詩織さんも、ヘイト被害も、そして沖縄も、すべてが地続きなのである。

そして、必死になって訴えている人々を見て、笑い転げる。

辺野古新基地建設に反対している前出の市民は、「笑われる沖縄」を問うた私に、こうも続けた。

「私たちが何をしたというのか。沖縄が何をしたというのか。真剣に話をしても、一部の人々は笑い続けるのでしょう。面白おかしく、伝えていくのでしょう。でも、これだけはわかってほしい。沖縄は、笑われるために存在しているのではない」

右派、保守派を自称する人々に問いたい。なぜいつも、見下した笑いで人を貶めるのか。なぜいつも、口元をだらしなく緩めているのか。

私だって「笑い」のない世界は嫌だ。悲しみと憤怒《ふんど》で彩られた風景ばかりでは、生きていくこともつらくなる。私たちは、笑うことで、苦痛を乗り越える。今日という日をやり過ごす。

だが、偏見から発せられる下卑《げび》た笑いはもっと嫌いだ。人を見下し、突き放し、小馬鹿にしたような笑いは見苦しい。いや、息苦しい。腹立たしい。必死になって被害を訴える人々に「笑い」で返すのは、人間への冒瀆以外の何ものでもない。

たとえば沖縄で基地建設に反対することが、そんなにも滑稽に映るのか。

基地負担を当然のことだとして、基地反対運動を冷笑するような言説に接するたび、私は沖縄県内で幾度も耳にした、ある「たとえ話」を思い出す。

〈子どもたちが山に遠足に出かけた。ひとりを除いて全員が軽装だった。最後尾を歩く「沖縄さん」が、全員の荷物を持って歩いていたからだ。荷物のなかにはクマ避《よ》けの鈴や虫よけスプレーなどが入っている。みんなを守るために必要だとして、担任の先生が用意したものだった。

だが、あまりに荷物が重たくて「沖縄さん」は音《ね》を上げた。

「誰か、荷物を分け合って持ってくれない？」

しかし「沖縄さん」の訴えに、誰もがまともに答えない。多くの者がそれを無視して先を歩き続ける。「お金あげるから我慢して」と言う者もいる。

「せめて右腕で抱えたリュックだけでも誰かにお願いしたい」

泣きそうになりながら訴える「沖縄さん」に、先生はこう告げた。
〈右腕がつらいなら、左腕に持ちかえなさい〉

これこそいまの沖縄の状況ではないのか。普天間が負担ならば辺野古に置きかえろ。国はそう告げているに他ならない。

苦痛に歪んだ顔を見て、笑う人がいる。弛緩《しかん》しきった「笑い」で社会に差別を持ち込む。沖縄にも、性被害を受けた女性にも、マイノリティにも、責任だけを押し付ける。

軽薄で、無責任な日本社会の姿そのものだ。

第2章

戦争の記憶が残る場所

あまりに軽薄な「集団自決」発言

「高齢者は老害化する前に集団自決、集団切腹みたいなことをすればいい」

発言の主は、米イェール大学の経済学者・成田悠輔氏だ。

個性的なメガネをトレードマークにバラエティ番組にも引っ張りだこ。マスコミがもてはやすスター学者である。そんな成田氏がネット番組や講演で、高齢社会への対応策として高齢者の「集団自決」「集団切腹」を繰り返し主張した。

一部で「エイジズム」「優生思想」との批判も上がったが、日本の大手メディアで、これら発言を正面から批判したものはほとんどなかった。嚙《か》みついたのは海外メディアだ。

たとえば、成田発言を「これ以上ないほど過激」とネガティブに報じたのは米紙「ニューヨーク・タイムズ」（2023年2月12日配信）だった。同紙記事は成田氏の顔写真を掲載したうえで、「集団自決」発言を取り上げた。記事が引用したのは、21年12月17日に成田氏がネット番組「ABEMA Prime」に出演した際の発言である。

「僕はもう唯一の解決策は、はっきりしていると思っていて、結局、高齢者の集団自決、集団切腹みたいなのしかないんじゃないかなと。やっぱり人間って引き際が重要だと思うんですよ。別に物理的な切腹だけじゃなくてもよくて、社会的な切腹でもよくて。過去の功績を使って居座り続ける人が、いろいろなレイヤー（層）で多すぎるっていうのがこの国の問題」

同紙はこれを「彼の極端な主張は、高齢化による経済の停滞に不満を持つ何十万もの若者のフォロワーを獲得している」と評した。

私も同番組の配信に目を通した。呆《あき》れた。いや、愕然《がくぜん》とした。そして憤りで目の前が真っ暗になった。

ここでも「集団自決」が、笑いを伴って語られていたからだ。スタジオの誰ひとりとして、発言を批判したものはいない。さらに言えば、この発言に笑いながら強く頷《うなず》いていたのが、ひろゆき氏である。

のちに成田氏は、自分の発言は世代交代を表すメタファーだったと弁明しているが、それを〈比喩で言った話が本気で言ったかのように伝言ゲームが始まってる状況〉とネット上で擁護したのも、ひろゆき氏である。

彼らがどこまで本気なのかはわからない。少子高齢社会における福祉の限界を示唆した物言いでもあるのだろう。だが、たとえメタファーであったとしても、軽々しく用いられてよい言葉では決してないはずだ。高齢者を不用な存在だと思わせるばかりか、「集団自決」の内実を誤った方向に導く。

「集団自決」発言から浮かび上がるのは、特定の属性を持った人々を切り捨てる差別と排除の思想そのものだ。実費負担できない透析患者を「殺せ」と書いた長谷川豊氏(元フジテレビアナウンサー)や、セクシュアルマイノリティを「生産性がない」と表現した杉田水脈氏と何ら変わらない。

そもそも——笑いで語るべきことなのか。

「集団自決」は、少しも笑える話ではない。

それは、自発的に死を望んで「発生」したものではないのだ。死は、強いられたものだった。だからこそ沖縄ではこれを「強制集団死」と表現する人も少なくない(地元の一部メディアもこの文言を用いている)。

あまりに軽薄な「成田発言」を耳にした際、私が真っ先に思い浮かべたのは金城《きんじょう》重明さんのことだった。

「実際は、自決なんかじゃない。虐殺です」

教会の薄暗い礼拝堂だった。そこで、私にそう訴えたのが金城さんである。沖縄戦の「集団自決」を生き延び、戦後はキリスト者としての道を歩んだ。

その金城さんが22年7月に93歳で亡くなった。金城さんが存命であれば、成田氏の発言をどう受け止めただろうか。いや、受け止めることなどできたであろうか。

笑い声を耳にしながら、金城さんはきっと苦痛に歪んだ表情を浮かべたに違いない。

「集団自決」は強いられたものだった。そして、生き残った者にも苦痛を与え続けた。そのことを金城さんは訴え続けてきた。

〝つまみ食い〟にされる歴史

ここで少しばかり、私の昔話にお付き合いいただきたい。

私が金城さんを初めて取材したのは2005年の7月のことだ。そのときの記憶は心の奥底に焼きゴテを押し付けられたような痛みを伴って、いまでもはっきりと残っている。

フリージャーナリストの看板を掲げたばかりの頃だった。

私は長きにわたり記者として働いてきたスキャンダル系週刊誌の編集部を辞め、フリーランスとしてあらゆる媒体に記事を書き飛ばしていた。というより、食っていくために必死だった。私はそれまで特ダネを連発した経験もなければ、記者としての力量を評価されたことも、たぶんなかった。数人の契約記者をかき集めて労組を結成し、退職金を勝ち取ったことだけが唯一の〝実績〟という、版元からすればすこぶる危なっかしい使い勝手の悪いライターでもあった。

需要は自分でつくるしかない。仕事を得るために、言葉を無理やり強奪する取材を繰り返していた。工事現場の見回りを装うため作業服を着て自転車にまたがり、取材対象者の自宅前で張り込み、ドアが開いた瞬間に突進するという質の悪い刑事のまねごとばかりしていた。しかも多くの場合、何の収穫もなく「○○は取材に応じることなく無言を通した」みたいな、どうしようもない記事しか書くことができなかった。

正直、疲れていた。飽き飽きしていた。倦怠《けんたい》と絶望に襲われながら、撤退の道も模索していた。いったい、自分は何をしてるんだろう。社会に問題提起するとか、権力や大資本を追い詰めるとか、それなりの青臭い目的があって週刊誌記者となったのに、しかも「自由」を求めてフリーランスとなったのに、主体性を失い「不自由」の度合いは増すばかりだった。

力量のなさを棚上げし、こんな仕事は向いてないんじゃないかと思った。作業服を着たまま、取材経費で落とした新品のママチャリを漕《こ》いで、誰も知らない遠くへ行ってしまおうかと真剣に考えた。まだそのくらいの若さは持ち合わせていたはずだった。

そんなときに沖縄取材が決まった。

きっかけは同年6月、「新しい歴史教科書」の採択運動を進めていた自由主義史観研究会が東京都内で「沖縄戦集団自決事件の真相を知ろう」と銘打った「緊急集会」

を開催したことによる。

集会では当時同会代表を務めていた藤岡信勝《のぶかつ》氏（のちに新しい歴史教科書をつくる会の代表を務めた）が、「集団自決の真相」を求めて実施した沖縄現地調査の結果を報告。「旧日本軍が沖縄住民に集団自決を強要したというのは虚構であることが判明した」とぶち上げた。そのうえで「〝集団自決を軍が強要〟の記述を教科書から削除するよう運動を始める」と宣言したのである。

その際に満場一致で採択された「決議」には、次のような文言が記されている。

〈社会科や歴史の教科書・教材には、過去の日本を糾弾するために、一面的な史実を誇張したり、そもそも事実でないことを取り上げて、歴史を学ぶ児童・生徒に自国の先人に対する失望感・絶望感をもたせる傾向がしばしば見受けられます

事例の一つに「大東亜戦争時の沖縄戦で民間人が軍の命令で集団自決させられた」というものがあります。しかし、これは事実でないことが、関係者の証言や研究によって既に明らかになっています

私たちは、敗戦六十年の今年、この「沖縄集団自決事件」の真相を改めて明らかにし、広く社会に訴える〉

それまで南京虐殺、日本軍慰安婦の問題で、いまで言うところの「歴史戦」（嫌な言葉だ）を展開してきた同会が、次のターゲットとして沖縄に狙いを定めた瞬間だった。

個人的に右派勢力の動向をチェックしていた私は、集会を報じた保守系雑誌でそのことを知り、危機感を持った。歴史改ざんと、沖縄戦の犠牲者を侮蔑するような動きが、たまらなく嫌だった。いや、腹が立って仕方なかった。

このことを記事にしようと考えた。どうせ記事にするのであれば、藤岡氏などに直当たりするだけでなく、沖縄に足を運んで「集団自決」の実相も調べたかった。

もうひとつ本音を打ち明ければ、少しの間、東京を離れたかった。きれいな海を見れば、どす黒く濁った自分の心も浄化できるんじゃないかと、いまにして思えばかなり身勝手な動機が私の背中を押した。

那覇に降り立って、最初に足を運んだのは対馬丸記念館である。同館はその名の通り、戦時中、米軍によって撃沈させられた疎開船「対馬丸」の悲劇を伝えることを目的につくられた施設だ。

実は、藤岡氏ら「沖縄調査団」が同館を訪ねたことは事前取材で判明していた。彼らは何が目的で、どんな様子で館内を見学したのか。

取材に応じてくれた同館学芸員は、調査団の来館をはっきり覚えていた。

「皆さん険しい表情で、どことなく威圧感のようなものを受けましたね。ぱっと見て、妙なグループだなあとは思いました」

学芸員の話によると、「ちょっとした緊張を覚える場面」があったという。

調査団の一行は入館するとすぐに、入り口近くの展示物の前で足を止めた。そこには対馬丸が撃沈された当時の状況が、パネルによって説明されていた。

「ちょっといいですか？」

メンバーのひとりが、この学芸員へ声をかけた。

来館者が学芸員に説明を求めるのは珍しいことではない。しかしその後に発せられた質問は、学芸員の頭のなかに叩き込まれた想定問答には用意されていないものだった。

「この記念館は特定の思想に影響されているの？」

予期せぬ問いかけに戸惑いながら、学芸員は「そのようなことはありません」と短く答えるしかなかった。なにしろこの学芸員にとって、「思想」を問われた経験など、これまでなかったのである。

学芸員はあらためてグループ全員の顔を見回した。リーダー格の男の顔をどこかで見たような記憶がある。さて、誰だったか……と記憶の糸を手繰り寄せているとき、唐突に彼らは素性を明かした。

「我々は自由主義史観研究会のメンバーです」

学芸員はそこでようやく、「新しい歴史教科書をつくる会」（以下、つくる会）の副会長（当時）でもある藤岡氏の存在に気がついたのであった。

一行は〝思想チェック〟を終えた後も、検閲官よろしく展示物へ難癖《なんくせ》つけることを忘れなかった。

「アジア太平洋戦争」という呼称はおかしいのではないか。なぜ、ここの展示物は旧日本軍の責任を問うているのか。その根拠を示せ――。

「うんざりしました。対馬丸に乗船していた700名以上の子供が亡くなった事実に心を痛めているようにも見えませんでしたし、あの一行はクレームだけを告げると、さっさと引き揚げてしまったのです」（学芸員）

滞在時間はわずか15分程度だったという。

私が調べたところ、彼らは調査当日朝9時の全日空機で羽田を発ち、正午近くに那覇空港到着。空港から真っ先に向かったのは陸上自衛隊那覇駐屯地だった。そこで沖縄戦の概要説明などを受けた後、対馬丸記念館へ足を運び冷やかし程度の〝見学〟を済ませ、午後4時発のフェリーで慶良間《けらま》諸島の座間味《ざまみ》島へ向かった。翌日は座間味島で戦跡調査した後、夕方にはチャーター船で渡嘉敷《とかしき》島へ。翌日には渡嘉敷島から那覇へ戻り、夜の飛行機で帰京した。2泊3日の沖縄ツアーである。

沖縄滞在中には座間味と渡嘉敷で3人の住民に聞き取り調査し、その結果、「自決の際、軍からの命令はなかった」との証言を得たことで「集団自決の真相に辿り着いた」としたのである。

一応、言及しておくが、戦争体験は人によって異なるものだ。3人の証言だけで「画期的な成果」(同研究会機関紙より)と誇らしげに語るのは、あまりに短絡的ではないか。ちなみに「集団自決」の悲劇は座間味と渡嘉敷だけで起きたものではない。伊江島、読谷《よみたん》村、本島南部でも事例がある。それらについて、藤岡氏らがスルーしていることも不可解だったが、3日間程度の調査で「画期的」と言うのであれば、数十年間にわたって聞き取り調査を続けてきた沖縄の歴史家や地元記者の業績はどう位置づければよいのか。その頃、沖縄では住民虐殺や「集団自決」の体験者、目撃者はまだ相当数の人が生きていた。しかし、そうした人々から丹念に聞き取りするわけでもなく、3人の証言だけで歴史の真実に突き当たったというのだ。それで教科書を塗り替えることができるほど、自由主義史観研究会は沖縄に精通しているのか。調査を積み重ねてきたのか。結局、同会は目的に合致しない話は最初から排除して、歴史をつくり直そうとしていただけではないのか。そう考えるしかなかった。

ちなみに同会が聞き取りした3人のうち、「集団自決に軍命はなかった」と証言した渡嘉敷島在住のKさんに私は会うことができた。

Kさんの家は渡嘉敷島の港の近くにあった。来意を告げると、「戦争の話ならお断りです」と突き放したような声が返ってきた。Kさんは私に背を向けたまま、居間の隅に座っていた。細い背中が震えているように見えた。

──最近、東京から自由主義史観研究会の調査団が、こちらに見えたと思うのですが。

「知りません。うちにはいろんな人が来ますから」

──Kさんが「集団自決」について話しているビデオが、彼らの集会で上映されました。

「そのことも知りません。興味ないです」

──ビデオのなかでKさんは、集団自決に軍命はなかったと話しています。

「私はそう思っているだけです。まだ15歳でしたから、大人の世界のことはわかりません。戦争体験は人によって違う。私が知っているのは自分のことだけです。これ以上、話すことはありません。帰ってください」

──Kさんの証言が、自由主義史観研究会の成果として喧伝《けんでん》されているのは事実です。そのことについては、どう思いますか?

「……。とにかく帰ってください。話したくありません」

拒絶というよりは懇願に近かった。上ずったKさんの声には、闖入《ちんにゅう》者への憤りと、明らかな戸惑いが感じられた。

おそらくKさんは〝確信犯〟として自由主義史観研究会に協力したわけではないのだろうと思った。そうでなければ、なぜに「戦争体験は人によって違う」「まだ15歳だった」などと、わざわざ〝釈明〟じみたことを口にするのか。

後日、私は東京に戻ってからKさんに電話した。突然の訪問を詫び、あらためて話を聞きたいという私に対し、Kさんは次のように答えた。

「確かに私は、集団自決において、軍が直接に命令を下したとは考えていません。私の記憶ではそうなのです。しかし、それをもって日本軍を肯定するつもりはありません。軍人の一部が島で何をしたのか、私は知っています」

日本軍は渡嘉敷島で、スパイだと疑いを向けた島民を〝処刑〟している。その事実は、沖縄戦を知る島民の記憶から消えることはない。

いずれにせよ、Kさんには教科書を書き換えるといった〝使命感〟などなかったと思う。ましてや「皇軍の名誉を回復する」といった自由主義史観研究会の目的など、Kさんには関係のないことだったはずだ。

いわば証言を「つまみ食い」されただけ、というのが真相だろう。

電話口でKさんは、うめくような声を漏らした。

「もう、戦争の話は終わりにしたいんです」

この人が本当に歴史を変える「証人」なのだろうか。私は同会の「成果」を疑わざるを得なかった。

渡嘉敷島で起きた悲劇

ここからが本題だ。

話を聞いた多くの関係者のなかに、金城さんがいた。

金城さんを紹介してくれたのは由井晶子《あきこ》さんだった。

由井さんは長きにわたって地元紙「沖縄タイムス」で記者を務め、日本の新聞界では初の女性編集局長、論説委員などを歴任した。2020年に86歳で亡くなっている。05年当時の由井さんは新聞社を引退し、フリーのジャーナリストとして沖縄・東京間を行ったり来たりの生活をしていた。

私は何かの機会に東京で由井さんと知り合い、何度か沖縄の基地問題に関してレクチャーを受けていた。

取材時、すでに70歳を超えていた由井さんは、「沖縄を案内してほしい」と図々しく願い出る私を快く受け入れてくれた。私が運転するレンタカーの助手席で道案内を務めてくれただけでなく、「この人に会っておきなさい」「そのことならこの人に聞きなさい」と的確なアドバイスも忘れなかった。

沖縄の地理にも歴史にも疎《うと》い私なのに、由井さんはとことん親切だった。あまりに親切すぎて、子どもの手を引く親のように私から離れないので、ビーチでのんびりしたいというもうひとつの目的を達成させることはできなかった。そんなことをしている場合じゃないでしょうと、叱られそうな気がして、ひとりになりたいとは言い出せなかったのだ。鞄《かばん》の奥に忍ばせた水着を取り出す機会には恵まれなかった。

そんな取材の過程で、そのころ金城さんが牧師を務めていた教会を由井さんが案内してくれた。

金城さんが「集団自決」から生き延びたこと、そして凄惨《せいさん》で過酷な体験を有していることは知っていた。だが、記者として、私は肉声で語られる沖縄戦に耳を傾けたかった。

教会の礼拝堂で、私は金城さんと向き合った。

あなたの体験を聞きたい――そう申し出た私に対し、金城さんは目を閉じ、呼吸を整えてから、ゆっくりと口を開いた。

「60年前、私はまだ16歳でした」

穏やかな表情だった。口調は優しかった。しかしその話の中身は、ネタ欲しさでペンを走らせる私の脳髄を、ぎりぎり締め上げた。金城さんの紡ぐ言葉の一つひとつが、太陽光の届かない暗闇のジャングルへ、私を引きずり込んだ。

渡嘉敷島に米軍が上陸したのは1945年3月27日である。金城さんら渡嘉敷村阿《あ》波連《はれん》の住民は、日本軍から集落を離れるよう命じられた。

近隣の人たち、家族とともにたどり着いたのは島の山間部、北山《にしやま》と呼ばれる地域の深い谷間だった。そこに数百人の人々が集まった。

翌28日、どんより曇った日だったことを金城さんは覚えていた。村長の指揮のもと、住民は一カ所に集められた。軍から何かの命令があったらしい、という話が伝わった。母親が涙を流しながら「これから一緒に死ぬんだよ」と呟《つぶや》いた。それが「自決」を意味することは子どもでも理解できた。

――そのとき、どんな気持ちでしたか。

私の問いに金城さんは淡々と答えた。

「高揚した気分でした。死への恐怖ではなく、いよいよ友軍と一緒に死ぬことができるのだという、ある種の連帯感が身体中に充満していたんです」

それが戦時を生きる少年の偽らざる心境だったのだろう。

そして、いよいよ〝そのとき〟がやってきた。

日本軍の管理下に置かれた村の防衛隊員によって家族ごとに手榴弾が配られた。

「天皇陛下万歳！」

渡嘉敷島にある「集団自決跡地」の入り口

深い谷間の各所から絶叫に近い声が上がる。続けて爆発音……。

だが、手榴弾が破裂する音は散発的だった。実は、手榴弾の多くが「不発弾」だった。管理が悪かったのか、劣化が進んでいたのか、撃針を地面に叩きつけても爆発に至るものは少なかった。

金城さんの家族に配布された手榴弾も、そんな不良品のひとつだった。

「なぜ死ぬことができないんだ。本当に悔しく思ったんです。そして、死ぬことができないという現実が、むしろ怖かったんです」

北山に迫りつつある米軍への恐怖。「友軍」

への忠誠。それらが金城さんを混乱に導いた。どうしていいかわからず、おろおろするしかなかった。

そのとき、目の前で集落の区長を務める男性が、木の枝をへし折って、自分の妻子をメッタ打ちにしている光景が飛び込んできた。

それが引き金となった。手榴弾で死ぬことのできなかった人々が、家族を木の棒や石で殴りつけた。あるいは鎌などの刃物で首筋を切り裂いた。

気がつけば、金城さんは両手に石を握り締めていた。そこから先は、あまり覚えていない。はっきりしているのは――兄と一緒に、母と弟、妹の頭に、手にした石を何度も打ち落としたことだけだった。

静かな礼拝堂で、金城さんは消え入るような声を出した。

「私は、自分の家族を手にかけたんですよ」

今度は私がおろおろした。どう反応してよいのかわからなかった。会話の接ぎ穂を失う。教会の静けさがつらかった。言葉の出ない自分がもどかしかった。悲しかった。事前に読んだ書籍や新聞記事で、ことの次第は概ね理解していたはずなのに、生身の言葉は想像以上に重たかった。

目の前にいる穏やかそうなキリスト者が、家族を手にかけたという事実が信じられなかった。

「いま思えば……」

金城さんが無言のままの私に話しかける。

「あれは虐殺でした」

山奥の深い谷間は、殺し、殺されるための場所だった。手榴弾の破片が身体を貫通する。かみそりが、鎌が、首元をえぐる。木の枝が、石が、頭上に振り落とされる。泣き叫ぶ声が谷間を揺るがし、川は鮮血で赤く染まった。

「殺意があったわけではありません。そうしなければならなかった。いや、そうすべきだと思ったのです……」

この日、北山では315人が命を絶った。

60年前の情景を語るとき、金城さんの表情はわずかに歪んでいた。感情を押し殺し、あえて淡々とした口ぶりを通してはいるが、口元のわずかな震えを隠すことができない。それでも記憶を懸命に掘り起こすのは、責任なのか義務なのか。生き延びた者の使命なのか役割なのか。

そして――私は何なんだ。

戦争は命を奪う行為だ。戦場は、命を奪い、奪われる場所だ。その話を聞きに来ているというのに、私は耐えられないほどに動揺していた。一刻も早く、教会の外に出たいと願っていた。

覚悟のなさが、自分の弱さが、ただただ情けなかった。なんだかんだと理由を挙げながら、結局は逃避旅行の気分を抱えていた自分を恨《うら》んだ。

家族を手にかけた後、金城さんは兄とともに米軍陣地に突入して死ぬことを決意したという。おそらく、その時点ですでに自身を〝殺して〟いる。生きるために戦うのではなく、ただひたすら死地《しち》へ向かうために、16歳の少年は谷間を這《は》い上がった。

しかし、ときに運命は人間の悲壮な決意など、いとも簡単に裏切ってしまう。死に急ぐ少年は、気がつけば米軍の捕虜となっていた。

死ぬことのできなかった金城さんは、それから苦渋に満ち満ちた長い「戦後」を生きることになる。

敗戦からしばらくして、金城さんは聖書と出会い、キリスト者としての道を進むことになった。生き残りの後悔を支えてくれたのは聖書だけだった。

私と向き合っている間、金城さんの視線は、はるか先に焦点を当てていたようにも見えた。自らの苦悩と体験を語るとき、向き合っていたのは、16歳の自分自身の姿ではなかったか。あるいは母親や兄弟かもしれない。記憶を風化させないことを自身に課し、人に伝えることで退路を断つ。おそらくそれがキリスト者としての覚悟だった。

だからこそ、臓腑《ぞうふ》をえぐり取られるような痛みに耐えてでも「集団自決」を語り継ぐ。金城さんは戦後も阿鼻叫喚《あびきょうかん》の谷間を歩き続けたに違いない。

日本軍の戦争責任を問う私に、金城さんはこう答えた。

「軍官民共生共死。それが皇軍の思想でした。だからこそ、死を強いられたのではないでしょうか。手榴弾は軍によって配られたのですから、少なくとも誰が死へ誘導したのかは明らかだと思うのです」

渡嘉敷島の集団自決の現場

金城さんに会った翌日、私は由井さんと一緒に渡嘉敷島へ渡った。港でレンタカーを手配し、「集団自決」のあった北山を目指した。

慰霊碑はすぐに見つかった。その少し先、けもの道を下った谷間が「現場」だった。小川の清流に沿った茂みのなかに平坦《へいたん》な場所がある。ここで、多くの人が亡くなった。

川の流れにそっと触れてみる。南国には似つかわしくないひんやりした感触が指先に伝わった。水は透き通るように美しかった。

「虐殺でした」という金城さんの言葉を思い出した。

川面が赤く濁ったような気がした。

ここで殺したんだ。そして殺されたんだ。死を強いられたんだ。それだけが「集団自決」の真実ではないのか。強制集団死、それ以外に何があるんだ。

こんな悲劇は繰り返しちゃだめなんだ。繰り返されてたまるか。それがどんなに手垢にまみれた言葉であろうと、訴え続けたいと思った。

金城さんが亡くなった。引き合わせてくれた由井さんもいない。私も歳を重ねた。だが——18年前の小さな決意はまだ生きている。

だからこそ、私は怒っている。「集団自決」を軽々しく語る者たちに。それを笑いのネタとする者たちに。

メタファー？ 冗談じゃない。失われた命は、魂は、そして生きた記憶もまた、笑われるために存在したのではないのだ。

沖縄戦と慰安婦の足跡

「慶良間《けらま》ブルー」と呼ばれているらしい。

海はどこまでも青く、そして澄んでいた。

那覇の港からフェリーに乗って約1時間。慶良間諸島のひとつ、集団自決の悲劇の舞台となった渡嘉敷島を久しぶりに訪ねたのは2021年10月のことだ。

前述した集団自決の取材以来だったので、実に16年ぶりの再訪だった。

以前と同じく自決跡地に足を運んだ。風景はほとんど変わっていなかった。

私は霊魂の存在を信じない。目に見えるもの、肌で感じることができるもの、それがすべてだと思っている。

だが、雑木が茂り、陽の届かない暗い谷間に足を踏み込んだとき、やはり「何か」を感じざるを得なかった。

私たちは「戦後」をしっかり生きてきたのか。犠牲を乗り越えることができたのか。死を強いられた人々の苦痛を、社会はしっかり受け止めることができたのか。

沖縄戦の記憶そのものが軽んじられる世のなかにあって、私は犠牲者の無念を思わざるを得なかった。

ちなみに私が渡嘉敷島に足を運んだことには別の目的があった。

ちょうどこの日が、裵奉奇《ペボンギ》さんの命日だった。この島で一時期を過ごした裵さんの記憶を、どうしてもたどりたかったのだ。

裵さんが那覇市内のアパートで亡くなったのは1991年10月である。

当時、近所に住んでいた金賢玉《キムヒョノク》さん（89）がアパートを訪ねたが、ドアを叩いても応答がない。市のケースワーカーに連絡を取り、家主立ち会いのもとでドアのカギを開けた。

裴さんは布団のなかで冷たくなっていた。

「眠っているようにも見えました。実際、寝ている間に息を引き取ったのでしょう。床《とこ》に乱れはなく、布団を首までかけて、穏やかな表情をしていました」

いまも那覇市内に住む金さんはそう述懐した。

亡くなる数日前、裴さんの77歳の誕生日を一緒に祝ったばかりだった。金さんが作ったサムゲタンを、裴さんは喜んで食べていた。

「大好物を口にして、それですっきりしたんですかねえ」

時代に翻弄され、国家に虐《しいた》げられ、屈辱を受け、それでもわずかに穏やかな晩年を過ごし、裴さんは静かに生涯を閉じた。

渡嘉敷島に渡る前、私は裴さんが暮らしていた那覇の前島《まえじま》地区を、金さんと一緒に歩いた。すでにアパートは取り壊され、こぎれいな住宅が並んでいた。

そういえば、と金さんが漏らした。

「あの人、花が嫌いだったんですよ。なぜかと聞いても『嫌いさあ』と答えるばかり。たぶん、その華やかさが、かえって裴さんを悲しい気持ちにさせたのかもしれませんん」

人生において最も輝きに満ちるはずの季節を、裴さんは闇のなかで過ごした。花を愛《め》でる余裕もなければ、そこに自分の姿を映し出すこともできなかった。そんな生を強いられた。

花にあふれた街で、裴さんは暗い記憶を抱えてひっそりと生きるしかなかった。

戦時中、渡嘉敷島の慰安所で働かされた裴奉奇さん

南国の鮮やかな色彩も、可憐なたたずまいも、裴さんの生き様とは対照的だった。

戦時中、裴さんは日本軍「慰安婦」だった。現在の韓国・忠清南道《チュンチョンナムド》の出身である。貧しい農家の生まれだ。29歳のとき、日本人と朝鮮人のブローカーに「儲かる仕事がある」と誘われた。日本軍の輸送船に乗せられ、沖縄・渡嘉敷島に着いたのは１９４４年11月である。

「アキコ」という源氏名をつけられ、島の慰安所で働かされた。

沖縄では41年から各地で慰安所がつくられている。渡嘉敷島には44年9月に海上挺進《ていしん》基地第三大隊が駐留すると同時に慰安所が設置された。

慰安所は港に近い島の集落の一角にあった。「アキコ」をはじめ、そこでは7人の朝鮮人慰安婦が働かされていた。

その「現場」に私は足を運んだ。

慰安所だった家屋は、港の近くに残っていた。改装され、いまはどこにでもある民家のひとつにすぎないが、南国に映える赤瓦《あかがわら》の屋根だけは、当時と同じだという。

案内してくれたのは島に住む吉川嘉勝《よしかつ》さん(83)である。吉川さんは戦時中のことをぼんやりと覚えている。

慰安所として軍が接収したのは吉川さんの叔父の家だった。6歳だった吉川さんは、慰安所とされた家で飼っていた豚にえさを与えることが日課だった。そこを訪ねるたびに、真っ赤な口紅をつけた女性たちの姿を目にした。

ある日、家にあった唐辛子を女性たちに渡した。島では刺身を食べる際、ワサビではなく、唐辛子を添える習慣があったのだ。

「これ、あげる」

吉川さんが唐辛子を差し出すと、女性の真っ赤な口元からたどたどしい日本語が漏れた。

「ありがとう」

さらに、お返しにと、女性たちが金平糖を吉川さんの手のひらに乗せた。

「それが嬉しくてねえ。金平糖欲しさに何度も女性たちを訪ねました」

慰安婦という存在を知らなかった。なぜ朝鮮半島に住む人が、そこにいるのかもわからなかった。

渡嘉敷島にかつてあった慰安所を案内してくれた吉川嘉勝さん

だが、子どもには想像できない深い事情があることだけは、なんとなく理解していた。それは、こんな経験があったからだ。
慰安所の横を小川が流れていた。そこに大量の「サック」が捨てられていた。吉川さんはそれが何かも知らず、風船代わりに膨らませて遊んでいたら、近所の大人たちに激しく叱られた。
「大人が怒る姿を見て、本当はその場所に近づいてはいけないのだということを、なんとなく理解したんです」
45年3月、米軍が島を攻撃した。面積わずか15・8平方キロメートルの島に、延べ300の米軍機が襲いかかった。慰安所も爆撃を受け、

2人の慰安婦が重傷を負い、もう1人の慰安婦は亡くなった。

吉川さんの父親も散弾の直撃を受けて即死した。山中では多くの島民が集団自決に追い込まれた。自決用の手榴弾を島民に配ったのは島に駐留していた日本軍である。それを知っている吉川さんは、いま、島の平和ガイドとして日本軍の責任を問うている。

「日本軍がいなければ集団自決も、そして慰安所だってなかったはずだ」

吉川さんはそう話した。

そして慰安婦だった裴さん。彼女は日本軍と一緒に山へ逃げた。炊事班に任命されたが、食べ物はなかった。斬り込みに行った兵隊は、ほとんど帰ってこなかった。裴さんは飢えと闘った。砲弾の嵐と折り重なる死体。裴さんは山中で地獄を見た。

終戦——。裴さんは沖縄本島の石川収容所に入れられた。だが、裴さんにとっての地獄はまだ終わらない。収容所から解放されても、裴さんに行く当てはなかった。知り合いもいない。朝鮮半島に帰る方法も知らない。

裴さんの放浪の旅が始まった。

慰安婦がたどった戦後

裴さんは沖縄をひたすら歩き回った。嘉手納《かでな》、名護、那覇。飲み屋を探しては「私を使ってくれ」と頼んだ。寝る場所と食べ物を得るため、酔客相手に身を売る以外、生きていく術《すべ》がなかった。

飲み屋を転々とすることに疲れたら、野菜売りや空き瓶集めをして命をつないだ。裴さんの存在が知られるようになるのは1970年代半ばだ。強制送還を恐れ、那覇の入管に自ら出向いて在留許可を得た。裴さんが慰安婦だったことも含めて、新聞で報じられた。

実は、慰安婦としての過去を告白した初めての女性が裴さんだった。

その頃、裴さんと知り合ったのが、朝鮮総連の活動家として夫とともに兵庫県から沖縄に赴任したばかりの金さんだった。

「当時、裴さんは佐敷町《さしきちょう》（現在の南城市《なんじょうし》）のサトウキビ畑のなかにある掘っ立て小屋に住んでいました。窓もなくて、ゴザを敷いただけの小さな部屋でした。ただ、真っ白な洗濯物がきれいに干してある部屋のなかを見て、ああ、やっぱり（清潔好きな）朝鮮人やなあと思いました」

そこで初めて裵さんが歩んできた道のりを知った。

「いままで辛かったでしょう」

そんな金さんの言葉に、裵さんはこう答えた。「まあね。でも、これがパルチャさあ」

沖縄方言の混じった日本語と朝鮮語に、裵さんの苦痛と諦念を感じたという。ちなみに「パルチャ」とは朝鮮語で「運命」を意味する言葉だ。漢字で書くと「八字」。自分の力だけでは決して乗り越えることのできない〝定め〟のようなものである。

時代や国家に呑み込まれ、暴力にさらされ、人に弄《もてあそ》ばれ、激しく傷つきながら、しかし裵さんはそれを運命だと受け入れていた。

「パルチャさあ」

それは単なる諦めの言葉ではない。そう信じることで、そう思い込むことで、そう受け止めることで、どうにか生きてきたのだ。それが運命でなければ、何だというのか。かわいそうだと見下されることも、自身が悪いのだと自省することも、裵さんは拒絶した。

そうするしかなかった。そうやって生きてきた、いや、生き延びてきたのだ。

裵さんはすでに朝鮮語もほとんど覚えていなかった。朝鮮半島が解放されたことも、南北に分断されたことも知らなかった。戦時中のことについて訊ねると、慰安婦を強いられたことに憤りながらも、「友軍（日本軍のこと）が負けて悔しいさあ」と答えた。

「日本軍が勝たないと自分も生き残ることができないという思いが、ずっとあったのだと思います。裵さんは一時期、間違いなく〝日本軍のひとり〟だったのですから」

その後、裵さんは金さんの住む那覇に移り、多くの時間をともに過ごした。

知り合ったばかりの頃は、裵さんも精神的に不安定な時期だったという。無理もない。望んだわけでもないのに、身を切り売りして生きていかなければならなかったのだ。慰安婦だったことを打ち明けたばかりに、しかも取材が相次いで顔と名前が知られてしまったことで、周囲から白い目で見られることもあった。理由もなく、子どもから石をぶつけられたこともある。

那覇の街中で突然、「ナヌン　チョソンサラミダ！（私は朝鮮人だ）」と大声で叫ぶこともあった。

それでも金さんだけには信頼を寄せていた。

「食事をしたり、買い物をしたり。恩納《おんな》村の温泉施設にもよく出かけました。ケンカもしました。友達のようでもあり、家族のようでもありました」

裵さんが亡くなった2カ月後の91年12月6日に追悼式が行われた。偶然にも、韓国で初めて慰安婦であったことを名乗り出た金学順《キムハクスン》さんが、日本政府相手に損害賠償を求める提訴をした日でもあった。追悼式に、金学順さんから「香典」として1万円が届いた。

「学順さんがバトンを受け継いでくれたのだと思いました」

裴さんが亡くなって30年。そして金学順さんが実名で体験を公表してから30年。30年という月日は、何であったたか。学順さんは97年に亡くなった。慰安婦にされた女性たちへの責任問題は、いまだ宙に浮いたままだ。日本社会の一部は責任を感じるどころか、まるで女性の側に問題があったかのように口汚く罵声をぶつける。

彼女たちの無念は放置されたままだ。

つらく苦しい人生は「パルチャ」なんかじゃない。国家の暴力で強いられたものなのだ。

那覇の街を歩きながら、金賢玉さんがぽつりと私に漏らした。

「裴さんって、もしかしたら、本当は花が好きだったのかもしれない」

実は亡くなる少し前、裴さんが一輪の菊を生花店で買っていたことを、のちに店主から聞いたのだという。

渡嘉敷島は鮮やかな南国の花にあふれていた。裴さんが暮らしていた那覇の民家の庭でも、オオゴチョウの花が揺れていた。

ほら、こんなにも花は美しい。

こんなにも花に満ちた沖縄なのに。

裴さんは「花が好き」だと言えなかった。花で彩られた風景なのに。

裴奉奇さんが住んでいた地域を案内してくれた金賢玉さん

暗く、歪められた生を生きた人だからこそ、美しさを避けた。華やかさから遠くの場所に身を置いた。そうすべきだと裴さんは考えていた。

何という人生だろう。静かに、隠すように、こっそりと花を愛でるしかなかった裴さんの心情を思うと、なんともやりきれない。

戦時中、沖縄には約130カ所の慰安所が存在した。多くの朝鮮人が、そこで慰安婦であることを強いられた。戦後の足取りは不明だ。

「日本」は慰安婦を利用し、酷使し、そして使い捨てた。いまでは好きで働いていただけの売春婦なのだと、蔑むように話す者も少なくない。

以前、宮古島の慰安婦祈念碑（アリランの

碑）を訪ねたことがある。来訪者が思いを寄せるために設置されたノートに記されていたのは、慰安婦女性たちへの罵詈雑言だった。

「売春婦」「朝鮮人」——そうした文言を目で追いながら、日本がたどり着いた地平が浮かび上がった。

笑われ、蔑まれる沖縄。そのなかで、さらに見下される朝鮮人慰安婦。

「日本」は、美しい花を前にしても何も言えない人を、そのままに放置している。

沖縄のもうひとつの風景である。

そして——すべてはつながっている。沖縄、戦争、慰安婦。恥辱《ちじょく》と屈辱を与え続ける「日本」——。

第3章 小さな島で起きた〝ネット私刑〟

誹謗中傷に加担する全国紙の罪

池に投げ込まれた石を拾わずに、水面に浮かんだ波紋を寄せ集めて記事を書いた。ずぶ濡れになったとしても底に沈んだ石を取りに行くのが記者の仕事ではないのか。だからこそ裁判所も「基本的な取材を欠いた不十分なもの」と指摘するしかなかった。

沖縄県宮古島市の元市議・石嶺《いしみね》香織さんが産経新聞記事で名誉を傷つけられたとして、同社に記事の削除と損害賠償を求めた訴訟の判決で、東京地裁（古庄研裁判長）は2023年2月28日、名誉毀損《きそん》を認め、慰謝料11万円の支払いと記事削除を命じる判決を言い渡した。

古庄裁判長は問題の記事について「真実と信ずるについて相当の理由があるとは認められない」と、その内容に誤りがあったとしたうえで「原告が被った社会的評価の低下及び精神的苦痛の程度は大きい」と判示した。

この訴訟に関して私が注目したことのひとつは、記事を書いた記者の〝取材手法〟である。

というのも、石嶺さんの名前を見出しに掲げた記事であるにもかかわらず、実は、記事を書いた産経記者は、石嶺さん本人にまったく取材していなかったのだ。

当事者に「当てる」のは、記者の基本動作ではないか。産経記者はそれを怠った。

裁判所が判断するまでもなく、取材が「不十分」なのは瞭然たることだった。

まずは、ことのあらましを振り返ってみる。


産経新聞のニュースサイト「産経ニュース」に〈自衛隊差別発言の石嶺香織・宮古島市議、当選後に月収制限超える県営団地に入居〉なる見出しのついた記事が掲載されたのは2017年3月22日のことだ（翌23日には東京版紙面にも掲載）。

市議が県営住宅に入居したことが問題であるかのような内容の記事だった。


「唖然としました」

石嶺さんは、表情をこわばらせて当時を振り返る。その頃、石嶺さんは市議となって約2カ月が経過したばかりだった。

「まるで私が不正行為をはたらいたかのような記事になっていた。事実誤認はもちろんですが、とにかく私を貶めたいのだという悪意を感じました」

「唖然」とした理由は他にもある。先述したように、産経記者から一度も取材された覚えがないのに、記事を書かれたことだった。

「直接取材はもとより、電話やメールなどによる確認もなければ、取材の申し入れす

ら受けていません」（石嶺さん）

記事がネット上に掲載されていることも、知人からの連絡で知った。耳目を疑うあまりに唐突な報道に、当初は身を固くして時間をやり過ごすしかなかったという。石嶺さんの「不正」を匂わせながら、石嶺さん本人に〝当てる〟ことなく書かれた記事とは、具体的にどのようなものだったのか――。

当該記事の一部を引用する。

〈市によると、市議の月収は約34万円。石嶺氏には1月と2月の給与として2月21日に税などを引いた約62万円が支給された。県営住宅の申し込み資格は、申し込み者と同居親族の所得を合計した月収額が15万8千円以下とされ、石嶺氏は当選前の平成27年度の所得に基づき入居が認められ、今年（※２０１７年）２月に入居した〉

記事はまず、安定した収入を約束された市議が、基準に反して県営住宅に入居したかのように〝問題点〟を指摘した。

さらに次のように続ける。

〈仲介業者が市議の月収を確認し、資格より大幅に上回るため入居するか確認したと

ころ、石嶺氏は「住む所がないので1年だけ入居させてほしい」と答えたという〉

浮かび上がってくるのは、石嶺さんの利己的な弁解と、基準に反しても入居したいという居直りの姿勢ではなかろうか。少なくとも記事の目的のひとつが、市議としての適格性を問うたものであったことは間違いない。

この記事が出たことで、ネット上では石嶺さんを批判する書き込みが相次いだ。「詐欺罪で逮捕しろ」「議員辞職すべきだ」といったものから、「反日」「売国奴」「過激派」「変態女」といった人格毀損、誹謗中傷の言葉が飛び交った。

いや、それだけじゃない。

記事掲載の翌日、石嶺さんが借りていた駐車場に、鉄柱の付いたコンクリートブロックが置かれた。車の出入りをできないようにするためのイタズラだった。すぐに宮古島警察署に連絡、

宮古島市の元市議の石嶺香織さん

男性警察官2人が駆けつけてくれたが、コンクリートブロックは彼らがようやく引きずることのできる重さだった。

後述するが、同市で唯一の女性市議だった石嶺さんは、その政治信念や姿勢をめぐって、それまでにも多くの嫌がらせや批判を受けてきた。「ですが、産経記事は事実に基づかない内容であるという点で、それまでとは大きく異なりました」と話す。

市議として住所も公開されているため、脅迫じみた文書が投函されることも「日常」となった。

「もはや、自宅すら安全な場所ではなくなったんです」

記事はネット上のさまざまな媒体に引用・援用され、石嶺さんは「不正をはたらく市議」という印象だけが流布されていくのである。

否定された産経記事

石嶺さんが宮古島市議補欠選挙に当選したのは2017年1月である。

県営住宅に入居の申し込みをしたのは16年7月。つまり、申込時は議員ではなかったのだ。その頃、石嶺さんは染織家としての事業を営んでいた。

申し込みをした2カ月後に入居のための抽選がおこなわれたが落選し、その後は住宅の空き待ち状態が続いた。

県営住宅の仲介業者である「住宅情報センター」から、空き家が出たと電話連絡があったのは同年11月16日。同社からは「17年2月から入居可能」と聞かされ、石嶺さんはすぐに「県営住宅入居申込書」を提出した。

その際、申込書には決められた通り、当時の収入を記入した。

申込書に添付した収入証明書によると、世帯収入（同居親族の年間所得の合計）は、172万9600円だった。県営住宅の審査では、さらにここから扶養家族人数（4人）×38万円が控除された金額が所得とみなされる。この計算式によると、石嶺さん世帯の年間所得は20万9600円である。これをさらに12（カ月）で割ったものが、認定所得（政令月収）となる。石嶺さんの場合、認定所得は1万7466円だった。

ちなみに石嶺さんの世帯は小学校就学前の児童がいることから「裁量世帯」（特別な条件が認められる世帯）となり、県営住宅の入居資格は月収21万4千円以下であった。県営住宅への入居要件は十分すぎるくらいに満たしていたのである。

そうしたなか、宮古島市では市議2人が辞職したことに伴う補欠選挙がおこなわれることになった。地域で平和運動をしていた石嶺さんは急きょ、出馬。先述した通り、

17年1月の補選に当選した。

当選後、石嶺さんは県の土木事務所に確認を取ったが、「入居に法的な問題がない」との説明を受けた。1月26日、石嶺さんは入居のための誓約書を提出し、2月1日、県営団地に入居した。

いったい、この経緯のどこに問題があるのか。記事にしなければならない理由もわからない。公営住宅に高額所得者が入居しているという話は、各地で問題となることも少なくないが、それはいずれも所得金額をごまかすことによる「不正入居」「不正居住」のケースである。

石嶺さんは求められた書類と基準に沿った収入証明を提出し、入居が認められた。産経記事はその経緯を書くこともなければ、石嶺さんの世帯が該当する入居資格も、定められた政令月収額も間違えていた。仮に入居決定以降に収入が増えた場合は、県が次回審査時に判断すればいいだけの話である。

ちなみに石嶺さんは同年10月の市議選で落選し、議員生活はわずか9カ月にとどまった。この年の政令月収は19万1168円であり、県営住宅の月収制限を超えていたという事実もない。

さらにもうひとつ——。記事中の「『住む所がないので1年だけ入居させてほしい』と答えた」なる部分。石嶺さんによると、これがまったくのでっち上げ、つまりは記者の「創作」だと訴えるのだ。

「仲介業者である住宅情報センターとはこの件に関して、まったく話していません。連絡もありませんでした。入居前にこの件で話し合ったこともない仲介業者に対し、『住む所がないので1年だけ入居させてほしい』などと言うはずがありません」

事実を確認するため、私は22年10月14日、宮古島市内の仲介業者「住宅情報センター」を訪ねた。

来意を告げると、当時の担当者が対応してくれた。

――石嶺さんが「住む所がないので1年だけ入居させてほしい」と訴えたのは本当ですか？

私の問いに、担当者は首を傾《かし》げた。

「そんな事実はないと思います」

――産経新聞の記者から取材はあったか。

「電話があったのは事実です」

――どんなやりとりがあったのか。

「もう6年も前なので細かいことは忘れましたが、少なくとも記事に書かれたような話を私のほうからしていないことは確かです」

――石嶺さんの入居に問題があったと考えているか。

「不当でも違法でもない。十分に入居基準を満たしていました。問題ありませんでした」

担当者は産経記事のカギカッコ部分を全否定したのである。

いまもネットに残る〝デマ記事〟

石嶺さんが、産経の記事は名誉毀損にあたるとして、東京地裁に慰謝料など計220万円の損害賠償と、ネットに残る記事の削除を求める裁判を起こしたのは2020年9月になってからだ。

なぜ、それだけの時間を要することになったのか。石嶺さんは「とにかく疲弊していた」と私に答えた。

宮古島では、島しょ防衛を目的に陸上自衛隊の配備計画が進められている。石嶺さんはこれに反対する活動を続けてきた。戦争の記憶が残る沖縄においては、米軍、自衛隊の区別なく、戦争を招く存在ともなりうる軍事基地への抵抗は強い。沖縄戦ではスパイとみなされた住民が日本軍に射殺される事件も多発したほか、軍の指示によって集団自決（強制集団死）に追い込まれた住民も少なくない。それを起点とする平和への思いを市政に反映させたいと考え、石嶺さんは周囲に推されて市議となった。

市議になった直後の17年3月（産経が問題の記事を掲載する少し前）、石嶺さんは自身のフェイスブックに、〈海兵隊からこのような訓練を受けた陸上自衛隊が宮古島に来たら、米軍が来なくても絶対に婦女暴行事件が起こる〉などと投稿した。これが〝大炎上〟した。「売国奴」といったお定まりの書き込みが相次ぎ、宮古島市役所や議会にも石嶺批判の電話やメールが殺到した。

当時、私は同問題を宮古島で取材した（そのことに関しては後に詳述したい）。石嶺さんは「自衛隊個人ではなく、戦争のための軍隊という仕組みに対して書いたこと」だと弁明したが、批判は止《や》まず、その後、投稿を削除し、謝罪した。それでも批判は収まらなかった。産経の記事がネットに掲載されたのは、こうしたタイミングだった。

「だからこそ、産経の意図も読めてくるんです。同紙は県営住宅のことも含め、私に関して6本の記事を掲載しています。同紙の論調を考えれば、私が島の軍事基地化に反対していること、そして唯一の女性市議であるからこそ、執拗《しつよう》なまでに批判の対象となったのでしょう」

小さな島の、初当選したばかりのたったひとりの女性市議が「執拗」に叩かれる。県内外から多くの批判が寄せられる。

そのような状況下にあって、石嶺さんが「疲弊」するのも当然だ。だが、何もしなかったわけではない。当該記事の掲載直後には産経新聞社宛てに内容証明郵便で抗議文を送り、記事の訂正と文書による回答を求めた。だが、同社から何の反応もなかった。黙殺されたのである。その後、提訴時にあらためて記事削除を求めた通知書を送付した際に、初めて同社の回答が届いた。

それによると、「削除には応じかねる」としたうえで、記事は「取材に基づき作成したもの」で、「事実と異なる点はないと認識」している、さらに「不正、違法ではないとしても、適切なことなのかどうか。空き室を待っている住民の方も少なからずいると聞きました」とのことだった。

東京地裁を舞台に進む裁判のなかで、記事を書いた同紙・半沢尚久記者（記事執筆当時は那覇支局長）の姿を私が目にしたのは22年9月13日のことである。

半沢記者はなぜ、石嶺さんに取材することなく記事を書いたのか。同日におこなわれた証人尋問で明らかとなった。

以下は、その際のやりとりである。

被告代理人　ところで、原告である石嶺氏には、取材はしなかったんですか？

半沢記者　はい。

被告代理人　石嶺氏に取材しなかったのはなぜですか？

半沢記者　私、那覇支局長といえども、一人しかいないんです。一人支局長なんです。当時は普天間飛行場の名護移設で埋め立てが佳境に入っていたんです。（中略）自分でできる範囲で精いっぱいの取材を、電話ですけれどもね、取材をして。それで、石嶺さんの電話番号を調べようとしたら、分かりませんでした。

被告代理人　電話番号が分からなかったので、電話で取材ができなかったということなんですか？

半沢記者　その通りです。

被告代理人　宮古島の市議会に出掛けて行くとかして、取材するということは考えなかったんですか？

半沢記者　そういう余力がありませんでした。

被告代理人　宮古島まではかなり時間がかかるんですか？

半沢記者　時間的にはそうでもないんですけど、旅費が往復すると飛行機代が2万円ぐらいかかって、泊まりがけになれば3万円ぐらいかかります。

原告代理人　こういう言い方はどうなのか分かりませんけど、これは石嶺さんに会うために出張旅費を申請して、認められるはずがありません。それぐらいの相場観を、私はもう30年記者やっておりますんで、持っております。そういう結論で、私は宮古島には行きませんでした。

半沢記者　県議会に石嶺さんの電話番号を聞こうというふうには思わなかったですか。

裁判官　いや、思わなかったですね。

半沢記者　たとえば質問状あるいは書簡のようなもので、このような事実はありますかというふうに問い合わせようと考えたことはありますか？

裁判官　ないです。

半沢記者　それはなぜですか？

ダブルチェックが効いてるからです、取材上。表現悪いですけれども、私、事件記者が長いんですけども、すべての被疑者に直当たりできるわけではないんですよ。そのときに、どういう手法を取るかというと、ある捜査員A、ある捜査員B、同じこと言ってるか、クロスチェック、ダブルチェックが効くんですよ。それはそれでゴーなんですよ、記事上は。私はそういうふうに先輩に教えられてきましたし、そういうふうに仕事をしてきました。すべてそんなに全力で、表現悪いですけど、できませんよ。すべての記事そうですよ。

取材が「不十分」であると裁判所が判断した理由は、このやりとりを読んでいただければ十分に理解できよう。

ここで半沢記者が述べた「ダブルチェック」とは、県の住宅供給公社、仲介会社の住宅情報センターの双方に取材したという意味である。電話で問い合わせたことが事実であったとしても、肝心の石嶺さんにはまったく取材していないのだ。

半沢記者はその努力を放棄したようにも思える。

もちろん、取材費の捻出が容易でないことくらい、私にもわかる。一人支局の記者だったのだから、おそらく多忙でもあったのだろう。

だが、記者であれば議会事務局に電話をかけるだけで、現職市議の電話番号くらいは聞き出すことができるはずだ。

そんな余裕もなかったのか。あるいは、その程度の基本動作も知らなかったのか。

また、半沢記者は石嶺さん以外の人物に取材したことで「ダブルチェック」「クロスチェック」できたと述べている。そのことを説明するために、刑事事件の取材手法にも言及した。だが、石嶺さんは勾留中の容疑者でもなんでもなかった。当時は現職の市議である。「事件記者が長い」というのに、いったい、どのような取材経験を積み重ねてきたのか。

さらには県営住宅入居に必要な所得申告の計算方法などに関しても、「そこまで調べていない」「私に計算できますか？」「限界というものがある」などと答弁。取材不足を恥じている様子はまったく見られなかったのだ。

私は尋問を終えた半沢記者を裁判所内で直撃した。

――ちょっと話を聞かせてもらえますか？

そう話しかけると、なんと、半沢記者は激怒したのである。

「こんなところで質問するのか。そんな取材するのか」

怒気を含んだ声でそれだけ言うと、一度は手にした私の名刺を突き返し、足早に去ってしまった。

はっきり述べておきたい。「こんなところ」で取材するのが記者である。半沢記者も一度くらいは裁判取材の経験もあるだろう。原告や被告が目の前にいても、これまで黙って眺めているだけだったのか。

おそらく、直接取材することも、されることも嫌いなのだろう。そう考えたくもなる。

ちなみに産経新聞社広報部は私の取材に対し、判決前は「係争中の案件であり、コメントは差し控えます」とし、判決後も「内容を精査し、今後の対応を検討します」と回答するのみだった。

私は今回の件を「取材しない記者」の問題にするつもりもない。

産経新聞は沖縄を舞台とした記事においてこの頃、「誤報」や「取材不足」を指摘される記事掲載を繰り返してきた。

沖縄県内で起きた交通事故に際し「米兵が日本人を救出した」という美談を、沖縄県紙がいずれも黙殺したと報じた同紙は（2017年12月）、その後、「事実関係の確認が不十分」だったとして、記事を削除している。

辺野古新基地建設に反対するラッパーの大袈裟《おおげさ》太郎さんが公務執行妨害などの容疑で逮捕された際は、大袈裟さんを〈こんな輩《やから》が社会を荒らしている〉などとしたうえで、逮捕を「朗報」「天誅《てんちゅう》」とするネット上の声を紹介した。これについては大袈裟さんが名誉を傷つけられたとして、同社に110万円の損害賠償を求めて提訴。東京地裁は22年12月、訴えを認め、同社に22万円の支払いを命じた。

大袈裟さんによると、記事を書いた記者には「一度も取材されたことがない」。つまり、これまた〝取材なき記事〟だった。

「記事になったことで、私が『暴力的』であるかのような評判が広まった。ネット上ではそうした書き込みが相次ぎました。産経新聞がお墨付きを与えたようなものです。

もちろん裁判では産経側の主張は退けられ、私の言い分が通った形になりましたが、そんな簡単に私のイメージが変わるわけでもない。会ったこともない記者に、そこまで書かれなくてはならなかった理由もいまだにわかりません」

これらは半沢記者とは違う記者の書いたものだが、それだけに、沖縄に向けられた同社としての偏見を感じざるを得ない。

「私が女性であることも含め、同社が抱える複合差別の体質が露《あら》わになったのではないか。貶めることだけを目的とした記事であるがゆえに、取材らしい取材もおこなわれなかった。産経も、メディアとして報じることの意味をきちんと考えてもらいたい」

石嶺さんは私の取材にそう答えた。

判決後、地裁でおこなわれた会見でも、石嶺さんは次のように述べている。

「産経新聞がジャーナリズムのプライドをなげうって事実と異なるデマ記事を書いてまでも塞《ふさ》ぎたかった声は何でしょうか。それは中国への脅威を煽り、軍事費を増大し、琉球弧《りゅうきゅうこ》の島々に軍事基地をつくり国民を戦争に駆り立てていく、このいまにつながる流れを止める声を塞ぎたかったのではないかと思っています」

私も、ポイントはそこにあると思っている。

前述した「美談記事」も、結局は、沖縄紙を貶めることが主題だったし、大袈裟さんについて書いた記事も、彼が基地建設反対派だからこそ、デマを動員するだけで作成したものだった。

まさに「ジャーナリズムのプライドをなげうった、事実と異なるデマ記事」だった。

その後、石嶺さんは地元・宮古島でも会見をおこない、損害賠償額について不服があるとして東京高裁に控訴したことを発表した。

名誉毀損が認められたとはいえ、賠償額11万円は確かに安すぎる。

東京地裁は損害賠償請求権の時効が3年であることから、石嶺さんが提訴した20年9月24日からさかのぼって17年9月23日以前に発生した損害の賠償請求権は「消滅時効が完成した」と判断（記事の公開は17年3月）。つまり、記事公開から半年間の被害が消滅したことになる。それが11万円という金額の根拠だ。

産経新聞の当該記事はいまも削除されることなくネット上に残されたままである。石嶺さんの被害はいまも続いているのだ。

「基地」が生んだ「性犯罪」の傷

奇妙なものを見た。

空のガスボンベが吊《つ》り下げられていたのだ。

嘉手納基地に近い北谷《ちゃたん》町の公民館。入り口脇の駐車場に、それは残されている。"ボンベ鐘"である。

こぶしで叩いてみたら「かーん」と高調子《たかちょうし》の音が響いた。

こうした鐘は、いまでも沖縄の各所で見ることができる。"ボンベ鐘"だけでなく、砲弾の中身をくり抜いた"砲弾鐘"も珍しくない。いずれも米軍占領時代、物資の乏しい状況のなか、住民の知恵でつくられたものだ。

夕方、子どもたちに帰宅を促す"時鐘"として機能した。地域の集会などを知らせるときにも役立った。だが、鐘の音に課せられた最も重大な役割は、女性を米軍人による性犯罪から守ることだった。文字通りの警鐘である。

女性が米軍人に連れ去られそうになると、鐘の音が響いた。軍用ジープが近づいただけで鐘が鳴らされることもあった。それを合図に、女性は家のなかに隠れた。

そうやって自衛するしかない時代が確実に存在したのが沖縄だ。

米軍が沖縄に上陸した１９４５年３月以降、米軍人による性犯罪が相次いだ。終戦を待たず、戦火のなかで、多くの強姦《ごうかん》事件が発生している。終戦直後にも農作業中の女性が暴行されるなどの事件が頻発している。

嘉手納基地近くにある“ボンベ鐘”

55年には６歳の幼稚園児が米軍人に性的暴行を受け、下腹部を刃物で切られて殺害された。

66年、30代の女性が全裸死体となって発見された。犯人が米軍人だと特定されていたにもかかわらず、逮捕されていない。

73年には40代の女性が殺害され、やはり米軍人が容疑者として浮かんだものの、逮捕されることなく帰国している。

80年代にも、拉致、強姦、殺害などの事件が相次ぎ、そして95年には12歳の女子小学生が被害者となる暴行事件が起きる。

２０１６年に起きた米軍属による女性会社員暴行殺害事件はまだ記憶に新しい。

もちろんこれらは氷山の一角に過ぎない。

もともと性犯罪は被害者の側が告発を躊躇《ためら》うケースも多いことから、表面化しない事件もある。泣き寝入りした女性は少なくない。ましてや米軍政下において、沖縄の警察力は統治者たる米軍には及び腰にならざるを得なかった。容疑者が米兵の場合、たとえ琉球警察が逮捕しても身柄を米軍側に引き渡さなければならず、裁判権も沖縄側にはなかった。いや、復帰以降も日米地位協定の壁に阻まれ、解決に至ることのなかった事件は多い。

だから――ときに鐘が打ち鳴らされた。法にも警察にも守ってもらえないのだから、そうするしかなかった。集落に響き渡る鐘の音は、恐怖と不信におののく沖縄人の悲鳴だった。

作家・百田尚樹氏は15年、自民党本部でおこなわれた前述の勉強会で次のように述べている。

「米兵が起こした犯罪よりも、沖縄人が起こしたレイプ犯罪のほうが、はるかに率が高い。たとえば米兵が女の子を犯した。それで米兵は出て行けと言う。じゃあ、高校生が町の女の子を犯したらその高校を全部撤去するのか」

百田氏ならばこれも「表現の自由」として押し切るのであろうが、軍隊と高校を同列に置くことには何の意味もない。非対称の存在を挙げることで、一方が免罪されるとでもいうのか。そもそも、沖縄県民が抱えてきた性暴力への恐怖を、少しでも想像することはできなかったのだろうか。

性犯罪は基地の外だけで発生しているわけではない。米国防総省は米軍内で起きた性的暴行に関する報告書を発表している。これによると、２０１４年度中の推定発生件数は約1万9千件にものぼる。もちろん米軍に限定された特殊な事例というわけでもないだろう。軍隊という存在が「戦場」と密接に結びついたものである以上、抑制のタガが外れたとき、性暴力の危険性は付きまとう。いわば構造的な暴力だ。

基地を抱えた地域の女性が、軍隊という存在に恐怖を感じる理由のひとつである。

〝醜悪な祭り〟の後に残るもの

私が石嶺さんと初めて会ったのは２０１７年夏のことだ。まだ現職の宮古島市議だった。

ネット上で、すさまじいとしか表現しようのない誹謗中傷や攻撃を受けているときである。その被害を取材するために宮古島へ飛んだ。

陸上自衛隊の配備計画が話題となっていた。「島しょ防衛」を目的に、人員規模約800人の地対艦及び地対空の両誘導弾部隊などが駐屯するという計画が発表され、前年に宮古島市長が受け入れ方針を表明。石嶺さんは、計画に反対する市民グループ「てぃだぬふぁ　島の子の平和な未来をつくる会」の共同代表として活動してきた。

前述したように、悪罵の集中攻撃を受けるきっかけとなったのは自身のフェイスブック（ＦＢ）への投稿である。

17年3月、石嶺さんは、陸上自衛隊が米カリフォルニア州で海兵隊の演習に参加したというニュース記事を引用したうえで、ＦＢへ次のように書き込んだ。

〈海兵隊からこのような訓練を受けた陸上自衛隊が宮古島に来たら、米軍が来なくても絶対に婦女暴行事件が起こる。軍隊とはそういうもの。沖縄本島で起こった数々の事件がそれを証明している。宮古島に来る自衛隊は今までの自衛隊ではない。米軍の海兵隊から訓練を受けた自衛隊なのだ〉

これが波紋を呼んだ。いや、〝大炎上〟した。

ネット上では「売国奴」「謝罪しろ」「議員を辞めろ」といった書き込みが相次いだ。

また、沖縄県内で「反基地運動」を批判してきた右派系グループが、ＳＮＳを使って

〝石嶺批判〟の投稿・拡散、さらには市への電話などを呼びかけた。気に入らない他者を「叩く」ことじたいを目的としたネトウヨや自称・愛国者の参戦をも招いた。

典型的なネット私刑が始まった。

こうした流れのなか、石嶺さんは翌日に〈私が批判しているのは、自衛隊員個々の人格に対してではなく、戦争のための軍隊という仕組みに対してです〉〈「絶対」という表現を使ったことは不適切でした。訂正いたします〉と再投稿したが、それでも批判は止まない。

結局、投稿を削除するとともに、「事実に基づかない表現があった」として、お詫びのコメント文を発表するに至った。

その間、宮古島市役所や議会にも電話やメールが殺到した。

市の関係者によると「なかには単なる批判を逸脱した、性的嫌がらせや脅迫ともいえる内容のものも少なくなかった」という。

「お前（※石嶺市議のこと）なんて強姦されるわけないだろう」

「本当は強姦されたいんじゃないのか」

「市は石嶺市議が男を襲わないように監視しろ」

「子どもが3人もいて、ひょっとして強姦されて生まれたんじゃないのか？」

「娘さんの大事なところに電気棒を突っ込まれて拷問されないように気を付けろ」

さらには容姿をあげつらったもの、「中年女」「ババア」など、本質とは何の関係もない悪罵も目立った。

批判対象が女性であると、自らの下劣さを競うように、聞くに堪《た》えない言葉で攻め立てるのがこうした連中である。バッシングというよりも、醜悪な〝祭り〟に過ぎない。

前述した産経新聞の記事は、そうしたときに書かれたものだった。まさに「燃料」として機能した。

石嶺さんの投稿は、そこまでして攻撃を受けなければならないようなものだったのか。

確かに投稿は誤解を招きやすいものではあったかもしれない。断定的に過ぎる印象は拭《ぬぐ》えない。だが、石嶺さんが主張したのは海兵隊訓練のニュースを引用したうえでの「軍隊」による性暴力への懸念である。

宮古島に石嶺市議を訪ねると、少しばかり疲れたような表情で、彼女はこう漏らした。

「私の発言で、自衛隊配備に反対する人々をも萎縮させてしまったことに忸怩《じくじ》たる思いはあります」

だからこそ投稿は削除したし、謝罪も表明した。それでも面白がって、私刑の隊列に加わる者が後を絶たない。

「私が議論したかったのは自衛隊が存在することの是非ではなく、軍備を持った組織に対する女性としての恐れでした。自衛隊が米国で海兵隊と訓練をしているというニュースは、海兵隊員の性暴力被害にあってきた沖縄の現状を考えると、やはり、やりきれないものがあります」

沖縄に住む女性としての、〝軍隊〟というものに対する本質的な恐怖と不安が理解できないだろうか。

1945年から70年以上、米軍による性犯罪は幾度も繰り返されてきた。命を奪われた女性もいる。

米軍だけではない。戦時中、日本兵による強姦事件があったことも沖縄では伝えられている。沖縄に駐留する第32軍は、それを理由に慰安所の設置を指示したともいう。実際、宮古島にも17カ所の慰安所がつくられた。そこでは多くの朝鮮人女性が慰安婦として働かされていた。

その宮古島に800人規模の自衛隊が配備される。

女性として、母親として、どうしても抱かざるを得ない肌感覚を、必要以上に叩き、嘲笑し、脅迫し、無関係な家族まで持ち出して中傷することに、どんな理があるというのか。頭ごなしに人格まで否定し、性差別をおこない、挙げ句に性暴力まで示唆することに、どんな正義があるというのか。しかも市議会は石嶺さんを中傷から守るどころか、ネット言論の火祭りに自ら加わった。

自衛隊配備計画の推進派が多数を占める市議会は2017年3月21日、「断じて許すことのできない暴言で、宮古島市議会の品位を著しく傷つけるもの」として石嶺さんの辞職勧告決議を提案したのである。

石嶺さんは議会で弁明に立ち、ＦＢ投稿への謝罪を述べたうえで、「思想、信条に対し、数の力で辞職勧告をするのは、議会制民主主義とは言えない」と主張。しかし賛成多数で議決された。

決議に拘束力はない。よって石嶺市議は辞職を拒否し、翌日の議会では一般質問に立ったが、市議15人が「反省がない」などとして退場。流会してしまった。

石嶺さんの支持者のひとりは「要するに彼女を屈服させたいだけ。相手が女性であると居丈高《いたけだか》に出る保守的な議会風土が露骨に示された」と悔しがる。

15年に、保守系男性市議が辺野古の新基地建設反対運動の参加者に「日当と弁当が出ている」と議会で発言したことがあった。当然ながら「日当の出所」と指摘された辺野古基金などは反発。謝罪を求めて抗議したが、市議は謝罪はもちろん発言の撤回もしていない。

地元記者の取材に対しては「日当の受け渡しなどを見たわけではないが、ネットに書いてある」と答えた。

デマに踊らされただけでなく、そもそも発言が間違っているとは自覚していない。議会の場で無根拠に反対運動を中傷したことになるわけだが、それでも彼は〝無傷〟だった。この差は何なのか。議会の体質が男尊女卑と指摘されても仕方ないだろう。

石嶺さんに関しては、その後も誹謗中傷の嵐が吹き荒れる〝事件〟が起きた。17年5月初旬のことだ。石嶺さんは市内のコンビニで自衛隊の「離島奪還作戦」を紹介するDVDが販売されていることやその内容を問題視し、FBに投稿した。

これを受けて、市議の支援者が配備計画で議論のさなかにある宮古島で、一方的に自衛隊の離島配備を肯定するようなDVDの販売は好ましくないと、コンビニ本部に申し入れした。これによって結果的に市内のコンビニからDVDは撤去された。

するとネット上では石嶺さんの投稿と、コンビニに申し入れした支援者の投稿を切り貼りし加工された画像が出回る。いかにも石嶺さんがコンビニにクレームをつけたような内容となっていた。

石嶺さんがDVDを撤去させた――そうした誤った情報がネットで広まったのである。

加工画像を添付したうえで、情報の拡散を呼びかけたのは県内に住む男性だった。彼は日常的に基地建設反対運動を揶揄、中傷することで知られており、デマの流布はこれが初めてではない。

彼は石嶺さんの名前を出して〈クレーマー市議がまたやらかしました。誰か始末してください〉などとも書き込んだ。

石嶺さんだけでなく、沖縄の地元紙に対しても日頃から「言論弾圧」を指摘している彼だが、ネットを通じて集団の力で威嚇することこそ「言論弾圧」そのものではないか。

「正直に言えば怖い」と石嶺さんは私に話した。

「発言するたびに攻撃されるのではないかという恐怖がある。ただ、ここで私が沈黙してしまえば、ネットによる攻撃が有効なのだと認めてしまうことにもなります。そんな社会にはしたくありません」

言論の自由、表現の自由は、デマの流布に与えられたものではない。権力に臆することなく、自由にものが言える社会が保障されているのか——小さな島で起きた〝事件〟は、それを問いかけた。

産経記者が取材することなく「デマ記事」を書いたのも、攻撃的なネットユーザーの援護射撃によって、当事者は沈黙せざるを得ないといった社会の空気を理解したうえでのことだったのではないか。

油断していた。基本動作も忘れるくらいに弛緩《しかん》していた。この程度の「書き飛ばし」ならば問題にならないと思っていた。

要するに――なめていた。

沖縄は、いつもこうしてなめられる。そして、笑われる。ネタとして消費され、〝賞味期限〟が過ぎると忘れられるのだ。

第4章 壊れていくメディア

「ニュース女子」の沖縄ロケ

栄町市場（那覇市）のカウンターしかない小さな飲み屋で、地元紙の記者と歓談しているときだった。隣席の若者が私たちに話しかけてきた。

「新聞は本当のことを伝えてくださいよ」

本当のこととは何か――。私たちの問いに彼らは「外国勢力による沖縄侵略の危機」や「金目当ての基地反対運動」をメディアは報じていないのだと訴えた。

こうした〝議論〟に巻き込まれる機会は少なくない。

その少し前、ジャーナリズムの世界を目指す学生たちの沖縄研修旅行に〝講師役〟として同行したときもそうだった。戦争の痕跡や基地建設反対運動の現場を回った後、研修の成果を問われたリーダー格の学生が、皆の前でこう答えた。

「沖縄の人は被害者意識が強すぎる」

別の学生がそれに同調して続ける。

「基地や戦争の被害ばかりを強調する人が多かった。もっと未来への希望を感じさせる話をしてほしかった」

沖縄戦を経験したお年寄りや、基地によって土地を奪われている人々が「被害」を口にするのは当然ではないか。あれほど時間をかけて県内各地を回りながら、たどり着いた結論はそこなのか。必死に反論を試みたが、言葉が届いたという実感はない。

沖縄に向けられた歪んだ視線と、強いられた苦痛に対する無理解、そして排他の論理。

沖縄へイトともいうべき空気が日本社会に漂っている。

むろん、それを促しているのは、差別と偏見とデマをまき散らしている無責任な大人たちであることは言うまでもない。


東京のローカル局、東京メトロポリタンテレビジョン（ＭＸテレビ）が情報番組「ニュース女子」で沖縄特集を放映したのは２０１７年1月2日だった。

リポーターを沖縄に派遣し、新基地建設反対運動の「現場」を見て回ったとするものだが、番組は徹頭徹尾、悪意に満ちていた。

「反対運動に日当」「取材すると襲撃される」――。同番組で報じられたのは手垢のついたデマばかりである。最初から真剣に取材する気などなかったのではないか。そう受け取られても仕方のない内容だった。

そもそも取材らしい取材がまるでされていない。

街中で基地反対派による抗議行動を見かけても、「反対運動の連中はカメラ向けると襲撃してくる」として撮影中断。辺野古では、移動する車のなかから窓越しに、基地建設に反対する市民が設置したテントを眺め、「うわあ、なんだなんだ！」と嘆声を上げるだけで素通り。しかも「沖縄・高江ヘリパッド問題の〝いま〟」と銘打った番組でもありながら、「軍事ジャーナリスト」を名乗るリポーターの井上和彦氏は肝心の高江に足を運んでもいない。そのころ、自然豊かなやんばるの森が広がる高江では、米軍がヘリパッド建設を強行していた。連日、市民団体が工事への抗議行動を行うなど、緊迫した日々が続いていた。立ち位置はともかく、記者であれば何が何でも足を向けるべき「現場」である。にもかかわらず、名護市内のトンネル手前で車を降り「ここから先は危険」と、なぜか高江取材を断念。「羽田から飛んできたのに、このトンネル手前で足止めを食らった」と悔しそうな表情を見せ、カメラはトンネル入り口を映しながら、その先に暴力渦巻く闇があるかのような演出をする。

番組では北部訓練場の返還日などを間違えるといったファクトチェックの甘さも目立ったが、少しも笑うことができないのは、悪質なデマを流布させている点だ。

たとえば普天間飛行場の周辺で「拾った」とされる茶封筒を、地元では名の知れた〝保守系活動家〟から提供され、「反対派は日当をもらってる?」「反対派の人たちは何らかの組織に雇われている?」といったテロップやナレーションが流された。茶封筒がなぜ「日当」と結びつくのかの説明は一切なく、もちろん裏取り取材をした様子もない。

他にも——

・反対運動の現場にはほとんどのメディアも入れない

・反対派市民によって救急車による救護活動が妨害された

・警察の取り締まりが緩いのは、県警トップが（辺野古基地に反対する）翁長雄志《おながたけし》知事だから

・基地建設反対運動に参加しているのは韓国人や中国人ばかり

といったことが報じられたが、いずれもネットで出回る怪しげな話ばかりだ。

のちに判明したことだが、番組でリポーターを務めた井上氏は、この収録で現地沖縄に、わずか1泊しか滞在していなかった。取材クルーが取材を始めたのは16年12月3日の午後。那覇市内で打ち合わせを兼ねた昼食をとった後、辺野古を「車窓から撮影」。夕方に名護警察署前で「偶然に遭遇した」基地反対派をカメラに収めた。翌日は那覇市内でオープニング映像の撮影を行い、昼に休日で誰もいない普天間基地前からリポート。さらに那覇市内で昼食をとった後、井上氏は午後2時に帰京したのだという。

これが番組の言うところの「徹底取材」である。この間、基地反対派には誰ひとりとして取材していない。「不十分」どころか、何もしていないに等しい。右翼やレイ

シストの蛮行を無視した挙げ句、ネットで拾い集めたようなデマだけを垂れ流したのだ。

ちなみに同番組を制作したのは大手化粧品会社DHCの関連会社、DHCテレビジョン（当時の社名はDHCシアター）である。DHC創業者で制作会社の社長でもある吉田嘉明《よしあき》氏は、これまでにも数多くの「ヘイト発言」で知られてきた。たとえば、かつてDHCのホームページに、吉田氏は次のようなメッセージを掲載していた。

〈日本に驚くほどの数の在日が住んでいます〉〈似非《えせ》日本人、なんちゃって日本人です〉〈母国に帰っていただきましょう〉

在日コリアンに向けたヘイトスピーチを臆面もなく披露するような人物なのだ。

20年にも、やはり自社のサイトで、競合社であるサントリーを「チョントリー」なる在日コリアンへの蔑称を用いて中傷。〈DHCは起用タレントをはじめ、すべてが純粋な日本企業です〉と記述した。

この人の頭のなかでは「純粋な日本人」を朝鮮半島ルーツの人々よりも優位に置く、差別回路が染みわたっているのだろう。しかも商品宣伝の場である自社サイトで、わざわざその醜悪なレイシズムを強調してくるのだ。

こうした差別と偏見が臆面もなく語られる企業によって制作されたのが「ニュース女子」という番組だったのである。

当然ながら、同番組においてヘイト視線で貶められるのは沖縄だけではない。たとえば基地反対運動の「黒幕」として名指しされたのは在日コリアンの辛淑玉《シンスゴ》さん（のりこえねっと共同代表）だった。運動を裏で操り、カネをばらまき、あたかも辛さんが日本社会を分断に導いたかのように描かれた。

しかも、ご多分に漏れず、番組は辛さんにまったく取材していない。何の接触もしていない。

そして、これまた過去のさまざまな差別扇動事件と同様、辛さんの出自を貶める言説がネット上であふれかえった。

「在日は出て行け」「朝鮮人から日本を守れ」。そうしたヘイトスピーチが辛さんに向けられた。

辛さんは反差別運動を展開する「のりこえねっと」の代表として、基地反対運動への支援を呼びかけたに過ぎない。座り込みを続ける人々と連帯したいが、往復の交通費を捻出できない人たちに、「特派員」としてのレポートを任せたうえで、交通費の援助をしただけだ。それだけのことで「黒幕」扱いされ、「反日行為」だと非難された。

このとき、「耐えられない」と苦しそうな表情で漏らした辛さんの姿を私は目にしている。幾度も差別に直面し、尊厳を傷つけられ、人格まで否定され、しかしそれでも「闘い」のポーズだけは崩さなかった辛さんが、このときばかりは苦痛にうめき、言葉を失《な》くしていた。

「私を利用したうえで、沖縄を差別した。そんなの耐えられるわけないよ」

崩れ落ちそうな自分自身を必死で奮い立たせようとしても、それでも膝からがくと折れてしまう。そんな辛さんを見るのは初めてだった。

ヘイトが人間の存在そのものを否定する行為なのだということを、私はあらためて認識した。

「シルバー部隊」「テロリスト」「日当」

沖縄戦では多くの県民が犠牲になった。いまなお身体に、心のなかに、傷を抱えた人も少なくない。消すことのできない記憶に苦しめられている人もいる。「ニュース女子」は、こうした人々をも「シルバー部隊」「テロリスト」などと嘲笑した。

しかも、ありったけのデマと偏見を動員させて。さらにネット上では、この番組を称賛する者たちが、「プロ市民」だと囃《はや》し立てた。日当をもらった暇な年寄りが退屈しのぎに参加しているだけだ、と。いったいどこまで侮辱すれば気が済むのか。

番組放映直後、私は沖縄へ飛んだ。

「テロリスト」「プロ市民」と中傷、揶揄された人々の間では怒りの声が渦巻いていた。当然だろう。単なる批判ではなく、彼ら彼女らもまた、差別の対象となったのだ。人としての尊厳を奪われた。

「私たちが何をしたというのか。沖縄が何をしたというのか」

憤りに満ち満ちた顔でそう訴えたのは、辺野古の新基地建設反対運動に参加している泰真実《やすまこと》さんだった。

「真剣に話をしても、一部の人々は笑い続けるのでしょう。面白おかしく、伝えていくのでしょう。それでも言い続けたい。ぶつけられた侮辱を絶対に許さない」

泰さんも、ネット上では「過激派」「プロ市民」などと中傷され、職場にも嫌がらせの電話などがかけられている。

泰さんが運動に参加したのは、番組放映の4年ほど前からだ。たまたま通りかかった米軍普天間飛行場の前で反対運動を目にして、「沖縄に住む者として素通りできない」と思ったのだという。それまではオスプレイの存在さえ知らなかった。「プロ」

でもなんでもない。こうした人々によって運動は支えられている。

「バカにするのもいい加減にしてほしいんですよ。番組をつくった人たちは、ただ、面白半分に沖縄やマイノリティを侮辱し、差別しただけじゃないですか。しかもあざ笑いながら。これが本当に悔しくてたまらない」

あざ笑う——その行為が、基地反対運動に参加した人の、特に高齢の人々を、どれだけ傷つけたのか、番組関係者たちはおそらく理解していない。想像したこともないだろう。

私が「ニュース女子」に抱いた最大の嫌悪感は、これかもしれない。軽薄な笑い。卑屈な笑い。番組は地元の真剣な思いを、デマを動員してまで嘲笑した。娯楽として消費した。

高齢者が座り込み、こぶしを突き上げる姿が、そんなに滑稽なのか。

ゲート前での座り込みを続ける大城博子さん（64）も、私の取材にこう答えた。

「基地建設はやめてほしいと選挙で民意を示した。それ以外にも思いつく限りの民主主義的手法は、すべてやり尽くした。それでも政府は動かない。ほかにどんな方法があるのでしょうか。座り込みが滑稽でしょうか」

大城さんは反対運動の現場で、小石ひとつ投げたこともない。ただ、座り込む。ときに機動隊や工事車両の前に立って行く手を阻む。

「ぎりぎりの抵抗。それしかできない。でも、そうするしかないんです」

非暴力不服従を続ける。抵抗の意思表示をやめない。武器も権力も持たない人たちにとって、唯一の表現行為だ。

同じく反対運動に参加する儀保《ぎぼ》昇さん（62）も、険しい表情を見せながら私に訴えた。

「あの番組は結局、私たちがなぜ基地建設に反対しているのか、一度たりとも言及しなかった」

そうなのだ。「基地反対運動」をテーマとしていながら、運動に参加する当事者の誰ひとりにも取材していない。せいぜいが車窓から辺野古を眺めるだけだった。そのうえで動画サイトから借用した映像（反対派が機動隊に詰め寄る場面など）を流し、反対運動の「暴力性」を強調した。

儀保さんは連日、米軍ヘリパッド建設工事がおこなわれている高江にも、辺野古にも足を運んでいた。「暴力」と聞いて真っ先に頭に浮かぶのは、機動隊による〝実力行使〟だという。

「機動隊に何度も蹴られた。腹を殴られたこともある。それでも殴り返すことなどできない。私たちは常に、やられる側でしかありません。これこそ一方的な暴力ではないでしょうか」

機動隊は勝てるケンカしかしない――儀保さんはそう続けた。

「しかし、そうした場面を番組は映さない。何がなんでも〝反対派の暴力〟といった文脈に仕立て上げたいのでしょう。そうすることで、基地を押し付けているという本土の負い目もなくなるからではないでしょうか。国と沖縄を善悪の立ち位置で分ければ、基地建設に正当性を持たせることもできますからね」

果たしていまの日本社会に沖縄への「負い目」などあるものかと言いたくもなるが、「正当性」を付与するといった点は、まさにその通りだろう。番組が強調した「暴力」「過激」「テロリスト」なる文言は、基地反対派を〝逆賊〟扱いすることで、結果的に基地建設推進の広報番組ともなっている。

沖縄に移住し、辺野古での取材を続けるノンフィクション作家の渡瀬夏彦氏は次のように述べた。

「反対運動の現場では機動隊などによる1千の暴力にさらされている。そして、市民らはそこに1%の抵抗をしているに過ぎない。そこだけを拡大し、あたかも凶暴な運動であるかのように見せるのがネトウヨの手口だ」

現場に足繁《あししげ》く通っている記者ならば知っているはずだ。何もないときには、反対派と機動隊員がのんびり談笑したり、冗談を言い合っていることも。しかしそうした風景はけっして取り上げないのが、「ニュース女子」であり、そして、同番組を擁護・

弁護する人たちなのだ。

前出の儀保さんは、さらにこう続けた。

「反対運動参加者に配られていると番組が示唆した〝日当〟の件も、まさにそう。具体的な証拠を示すこともなく、笑いながらありもしないデマを流す。傷つくばかりのこちらは、少しも笑えない」

東村・高江地区にある北部訓練場ヘリパッド建設予定地に集まった全国の機動隊

デマが罪深いのは、これを真実だと思い込む人も少なくないということだ。日当デマは、けっして目新しいものではない。ネット上では何年も前から流布されているもので、番組はこれを裏取りすることもなく垂れ流した。いわば〝地上波〟なる権威で、お墨付きを与えたとも言える。いまや沖縄県内でも、それを信じ込んでいる人は少なくない。

デマの否定にはエネルギーが必要だ。そもそも何ら証拠もないのだから、否定したところで空中戦にならざるを得ない。だからデマは容易に浸透する。

あるとき、儀保さんのところに近所の男性が訪ねてきた。仕事がないので辺野古に連れて行ってほしいと言う。反対運動に参加すれば日当が出ると信じているのだ。

「本当にがっかりしましたよ。反対運動の現場近くに住んでいながら、デマを疑うことのない人がいるのですからね」

儀保さんが「日当どころか、交通費なども自腹だ」と説明すると、男性はしょんぼりとした表情で帰って行ったという。

いったい、どこにそんなカネがあるというのだ。誰が日当を払ってくれるというのだ。

番組はこうしたデマを延々と垂れ流したのだ。

前述したリポーター・井上氏による「現地報告」もそうだ。彼はトンネルの手前で〝高江行き〟を断念し、カメラの前で悔しそうに語った。

「ここから先には進むことはできない」「羽田から飛んできたのに、このトンネル手前で足止めを食らった」「残念ながらこれ以上の取材は不可能」

トンネルを抜けたら暴力渦巻く「高江の現場」が展開し、それは身の危険を感じるほどなのだと訴えたのだ。

井上氏が「足止め」されたと嘆く名護市の二見《ふたみ》杉田トンネルから高江まで、私は実際に車を走らせてみた。

結論から述べる。トンネルを抜けても、高江にはまだ遠い。

所要時間は約50分、走行距離は45キロだった。東京駅を起点とすれば、西は八王子、東は千葉までの距離に相当する。都心で起きた事件を千葉で〝立ちリポ〟する記者などいない。しかも、高江までの道中、車窓に映るのは「道の駅」や穏やかな海岸線、緑濃い森の風景ばかりで、私は「暴力」どころか睡魔と闘うしかなかった。

だが、同番組にかかればトンネルから先で待ち受けているのは騒乱状態であり、直接確認することなくとも「現場取材」となってしまう。

要は「反対派連中」の〝暴力性〟を、具体的な根拠も示すことなく印象づけているだけなのだ。つまり散々煽っておきながら肝心の「危険」な場面は何ひとつ撮っていない。

もしも本当に暴力が渦巻いているのであれば、行けばいいではないか。別に戦場でも何でもないのだ。辺野古の「現場」でそうしたように、車のなかからこっそりとカメラを回してこそこそと撮影すればよいではないか。

そんなことすら、できないのだ。それで「ジャーナリスト」を名乗っているのだ。

腰砕け、というよりは腰が抜けまくったかのようなテレビマンなど、鼻で笑われても仕方あるまい。

現地へ足を運べばわかることだが、高江でも辺野古でも、運動に懐疑的なメディアも含めて自由に取材活動をしている。これまで報道関係者がひとりでも反対派の「暴力」でねじ伏せられたことなどあったのか。むしろ、圧倒的な力によって組み伏せられ、どつかれているのは市民の側である。

基地反対運動の現場では、右翼やネトウヨ集団の〝来襲〟、あるいは直接的な暴力にさらされることは珍しくない。

街宣車で乗り付け、集団で反対派のテントに乱入し、そこにいた市民を殴って逮捕されたのは地元右翼団体のメンバーだ。この右翼団体の幹部にも話を聞いたが、「ぶつかりあうのは仕方ない」と開き直るばかりだった。そもそも辺野古で座り込む市民は右翼団体と「ぶつかりあう」ために集まっているわけではない。一方的に「ぶつかりあい」を仕掛けているのは右翼団体やレイシスト集団の側である。

こうした者たちは旭日旗を振り回しながら市民に向けて「非国民」「売国奴」「無法者」と絶叫し、「ここにいるやつらを撃ち殺せ」と殺戮《さつりく》を煽る。「無法者」はいったいどちらなのか。

「暴力の被害」を訴えたいのは、むしろ一方的に罵られる側の市民たちであろう。

ネット上で「話題」となった「日当」の件もそうだ。

番組内で日当の支払いに使われたかもしれないという「茶封筒」を提供した沖縄の保守系活動家・手登根安則《てどこんやすのり》氏は私の取材に対し、こう答えた。

「封筒は普天間飛行場近くで拾ったものだが、日当だと断言したわけでもない。私は番組の構成に関わっていないので詳しいことはわからない」

要するに責任を番組側に押し付けるばかりだったのだ。いずれにせよ「日当」を示す材料は何もないのだ。

また、番組が指摘した反対派市民による「救護活動への妨害」については、高江地区を担当する国頭《くにがみ》地区行政事務組合消防本部が私の取材に対し、「そうした事例はない」と明確に否定した。

はっきりさせておきたい。番組では反対派市民を貶めることばかりに注力しているが、沖縄県民を対象とした各種世論調査では、辺野古新基地建設に関して反対意見が賛成意見を大きく上回ることも知らなければ勉強不足もいいところだ。

番組では「北朝鮮が大好きな人もいる」と発言するコメンテーターもいて、ネット上のヘイト書き込みをそのまま番組化したような、雑な論調ばかりが目立った。

いったい何を「取材」したのか

番組放映の翌月、ＭＸテレビは「ニュース女子」問題における「見解」を発表した。

同社は番組について〈一部の過激な活動が地元住民の生活に大きな支障を生じさせている現状等、沖縄基地問題において、これまで他のメディアで紹介されることが少なかった「声」を、現地に赴いて取材し、伝えるという意図〉だと前置きしたうえで、次のように主張している。

・番組内で伝えた事象は、番組スタッフによる取材、各新聞社等による記事等の合理的根拠に基づく説明であったと判断した。
・事実関係において捏造《ねつぞう》、虚偽があったとは認められず、放送法及び放送基準に沿った制作内容であった。
・本番組は、当社が直接関与しない制作会社（※DHCシアターのこと）で制作された番組を当社で放送するという持込番組に該当。本番組では、違法行為を行う過激な活動家に焦点を当てるがあまり、適法に活動されている方々に関して誤解を生じさせる余地のある表現があったことは否めず当社として遺憾と考えている。

私は唖然とする思いで「見解」を幾度も読み返した。いったいどこを「取材」したというのか。どのような「合理的根拠」があって、デマが正当化できるというのか。問題とされるべきは「誤解を生じさせる余地のある表現があったこと」ではなく、まさに「捏造、虚偽」であり、在日外国人などに対してもヘイトの裏書きをしたことではないのか。

中国、韓国、北朝鮮が運動の「背後」に存在するかのように伝えたことは間違いではないのか。実際、番組出演者の一部は、いまでも「反対派の100人のうち30人は在日朝鮮人」「在日に言われたくもない」といったヘイトまみれの言説を、各地で流布して回っている。

「情けない。そして恥ずかしい」

前出・ノンフィクション作家の渡瀬夏彦氏もまた、MXテレビが発表した「見解」をそのように批判した。

「嘘を嘘として認めない。間違いを間違いとして認識していない。しかもこれを言論の自由であると、論理をすり替えている。呆れた話だ」

言論の自由という理性と悟性は、デマを正当化させるためのものではない。言論を生業《なりわい》とする者であるならば、安易にそこへ逃げ込むな。渡瀬氏が述べたように「情けない」以外の何ものでもない。

そうしたなか、番組を制作したDHCシアターは〝検証番組〟と称して、「ニュース女子」沖縄問題の続編をネットのみで配信した（17年3月13日）。

期待していたわけではないが、これもまた、事実確認も当事者取材もおろそかにしたままの内容で、何ら「検証」に値するものではなかった。

たとえば、反対運動の現場に足を運ばなかったことに対しては、原発事故や中東の紛争地に大手メディアが社員記者を派遣しなかった事例を挙げたうえで、その正当性を主張したが、沖縄のどこに砲弾飛び交う「紛争地」があるのか。怠惰と手抜きの理由にもなっていない。

また、反対運動参加者の〝日当〟に関しても、再度の沖縄取材をおこなったにもかかわらず「日当を得た」とする当事者の証言は何ひとつ示し得ず、「聞いたことがある」「知り合いがもらった」など伝聞情報にとどまった。コメンテーターとして出演したジャーナリストのみが「当事者から聞いた」ことを証言したが、では、誰が支払ったのかといった具体的なコメントはなかった。

噴飯ものとも言うべきは、反対派が救急車の救護活動を妨害したという件だ。番組は地元消防本部に電話取材し、「妨害はなかった」との証言を紹介する一方、「徐行したりして、時間がかかったことはある」という消防担当者の言葉を強調したうえで、あたかも当初の報道が正しかったかのように伝えた。

そもそも「救急妨害」を番組で伝えた地元の人間は、当初、ＳＮＳなどで「反対派は救急車をタクシー代わりに使っている」「救急車のドアを開けて勝手に写真を撮った」といったコメントを紹介していた。

デマは事実を突きつけられると、次々と問題の中身をすり替えていく。「タクシー代わり」「無断撮影」は、1月2日の放送では「救急車を止めた」に変わり、検証番組では「徐行運転」となった。

ちなみに同じ証言者は、やはりSNSにおいて「反対派はドクターヘリを呼びつけて救急現場を混乱させている」といった書き込みもしている。

私は沖縄北部地域の航空医療活動を担当している「メッシュ・サポート」を訪ねて担当者に話を聞いたが、やはり「そのような事実は一切ない」と、ネットの書き込みを一蹴した。16年2月から私が訪ねた17年2月までの1年間で、高江方面にヘリが救護活動に向かったのは一度きり。ツーリング中のオートバイが事故を起こしたときだけだった。しかもドクターヘリは、事故当事者が「呼びつける」ことなどできない。あくまでも地域の消防本部の判断によって出動が決まるのだという。

せっかく「検証」をするのであれば、証言者の適格性にも言及したほうがよいのではないのか。

実はこの検証番組、その取材過程から「結論」は十分に予測できていた。

2月中旬から、番組スタッフの姿は沖縄で確認されている。その手法自体が地元では問題となっていたのだ。

たとえば2月24日。「山城博治《ひろじ》さんたちの即時釈放を求める大集会」がおこなわれた那覇市の県民広場でのことだった。

実は、同集会には前出の泰氏も渡瀬氏も参加しており、その様子をずっと目で追っていた。

二人の話によると、ハンディーカメラを手にした男性が、集会参加者へのインタビューを繰り返していたという。

「外国人が参加しているのはなぜか」

「日当が支払われているという話があるが、どうなのか」

「『ニュース女子』についてどう思うか」

そのような質問を投げかけながら、しかし、自らが何者であるかを問われると、「大阪から来た」「平和集会などに興味がある」と答えていたという。

「名刺も見せないし、おかしいと思い、参加者のひとりが問い詰めたのです。すると、そこでようやく『ニュース女子』のスタッフであることを明かしました。しかし、彼は『プライベートで来ている』と主張し、取材ではないとも話していました」(泰氏)

相変わらず腰の引けた取材風景しか伝わってこない。

「報道」を目的とする職業人であるのならば、堂々と取材すればよいではないか。意図はともかく再取材じたいは悪いことではない。取材先で疑われ、批判されるのも記者の仕事である。媒体名を明かすこと、引き受けるべき責任をも回避したうえでの取材など、説得力がない。胸ぐらつかまれ、恫喝《どうかつ》されたとしても（少なくとも沖縄ではそのような話はまるで聞かないが）、カメラとペンを離さないのが記者というものではないのか。世のなかには隠し撮りしかできないような取材現場があることも理解しているが、それを必要とする緊張状態があるとは思えない。

ただし、そもそも「ニュース女子」のスタッフが、「報道人」として認識されていないということも、理解する必要がある。

ろくに取材することなくデマと偏見をタレ流した事実は簡単に消せない。番組制作会社のDHCシアターに至っては、「基地反対派の言い分を聞く必要はない」とまで言い切っているのだ（17年1月20日付同社見解より）。しかも「親北派」「韓国人はなぜ反対運動に参加する」などといった表現で、あたかも在日韓国人等が「運動の黒幕」として存在しているかのような番組内容であったにもかかわらず、人種差別の意図を一切否定している。

私も含めて、取材する側は、常に立ち位置が問われるのだ。

だからこそ私は、取材する権利と自由を訴えながら、しかし、取材される側がそれを拒否する自由と権利があることも承知している。

「ニュース女子」の報道姿勢には、身を斬られても真実に近づきたいという熱も覚悟も、まるで感じることができないのだ。響いてくるのは取材者の足音ではなく、気を惹《ひ》かんと小突くだけの捨て鐘の音だ。

検証番組を視聴した元琉球朝日放送報道制作局長の具志堅勝也さんは、「まるで検証には値しない」とばっさり斬り捨てた。

「伝聞情報を繰り返しただけです。物証も証言もなく、自分たちの放送内容を正当化しただけに終わってしまった。だからこそ、さすがに地上波に乗せるわけにもいかず、ネット配信となったのでしょう。それでも、まともなジャーナリスト、テレビマンであれば、こうした番組に加担するはずありません。報道現場に立ってきた者たちが、あえて番組を擁護、肯定する理由がわかりません」

それを知りたいからこそ、私も番組司会者の長谷川幸洋《ゆきひろ》氏（東京新聞論説委員）、リポーターの井上氏に取材を求めたのだが、一切の返答はなかった。仕方なく、私は「ニュース女子」の収録現場まで出向いた。スタジオ前で長谷川氏の「出待ち」をしていたところ、番組スタッフは私の姿を確認すると同時に110番通報し、パトカーが駆けつけるといった場面にも発展した。気の毒なのはそんなことのために出動を強いられた警察官で「酔客の対応で忙しいのに、こんなことで呼び付けられたくない」と苦々しい表情で愚痴をこぼすばかりであった。

仕立て上げられた「黒幕」

番組でこのような差別を受けたことを、どのように感じているか——。

記者から質問を受けた辛淑玉さんは、険しい表情で正面を見据えたまま、しばらくの間、口を開かなかった。

無言の時間が過ぎていく。

10秒、20秒、30秒。それでも辛さんは声を発さない。

張り詰めた表情に、怒りと苦痛と悲しみが浮かんでいた。

長い沈黙の後に、ようやく辛さんの口元がマイクに近づいた。

「しっかりと……向き合いたいと思っています」

いまにも消え入りそうな声なのに、言葉は揮発することなく会見場のなかを流れていく。

「どこまでこの社会を信じることができるか。私自身の闘いだと思っています」

少しも勇ましくない。人を鼓舞させる言葉でもない。しかし、とぎれとぎれの掠《かす》れ声のなかで、決意と覚悟が吹雪《ふぶ》いていた。

「ここは私が生きていく場所であり、死んでいく場所だから」

おそらくは届かないとわかっていながら、それでも何かを伝えたいという、ヒリヒリするような思いが迫ってきた。

番組放映から20日ほどが経過した2017年1月27日、衆議院第二議員会館でおこなわれた記者会見。

この日、「ニュース女子」が虚偽に満ちた内容で人権を侵害したとして、番組中で揶揄・中傷の対象となった辛さんが、BPO（放送倫理・番組向上機構）の放送人権委員会に人権侵害の申し立てをした。

〈徹頭徹尾、何ら事実に基づかない〉――。

申立書にはそう記されていた。

番組中、「何者？」「反対運動を先導する黒幕の正体？」などと中傷の対象となった辛さんは、「沖縄と在日コリアンを公開処刑するかのような番組だった」と訴えた。

「徹底的に中傷し、貶め、憎悪を扇動する。おそらく、それ自体が番組の目的だったのでしょう。つまり取材など必要なかった。確信犯だと思います」

申立書では「（申立人の辛淑玉さんが）テロ行使、犯罪行為の『黒幕』であるとの誤った情報を視聴者に故意に提示した」ことで、名誉が傷つけられたと記されている。

「彼らは笑いながら私を名指しし、笑いながら沖縄の人を侮辱した。そのなかで黒幕とされ、親北派といわれ、運動でメシを食っているといわれ、私がわけのわからないところから集めた金で過激派を送り込んでいるといった文脈だった」

先に触れた通り、辛さんが代表を務める「のりこえねっと」は、寄せられたカンパで高江に「特派員」を送っただけである。だが番組では、「財源は何か」と、あたかもカネ目的の反対運動であるかのように報じた。

「特派員」に選ばれて高江に出向いたことのある男性は私の取材にこう答えている。

「支給されたのは5万円のみ。これで往復交通費、レンタカー代、宿泊費を賄えるはずもない。当然、足は出るし、特派員としてレポート提出の義務もある。金目当てならばバイトしたほうがよほどいい」

「財源」が市民からのカンパであることや、特派員の募集要項などはいずれも公式サイトやネット番組で告知されている。まったくオープンな情報なのだ。しかも繰り返すが、番組側からの問い合わせ、辛さんへの取材は一切なかった。

「ニュース女子」は取材を放棄した手抜き番組であったと同時に、沖縄へイト、在日へイトに満ち満ちたものだった。

そして――最も傷ついた人が、さらなる傷を負う覚悟で、最前線に立たされる。非難と中傷、差別の視線を全身で受け止める。

こんな理不尽なことがあるか。

一方、理不尽を強いた側は、新たな理不尽を呼び起こし、まるで自らが傷ついたかのようにふるまう。


辛さんによるBPO申し立てから1カ月後の2月24日、日本プレスセンター（東京都千代田区）において、「のりこえねっと辛淑玉氏等による東京MXテレビ『ニュース女子』報道弾圧に抗議する沖縄県民東京記者会見」がおこなわれた。

主催者側出席者は、「琉球新報、沖縄タイムスを正す県民・国民の会」代表運営委員の我那覇真子《がなはまさこ》氏、「沖縄教育オンブズマン協会」会長の手登根安則氏、「カナンファーム」代表の依田《よだ》啓示氏ら沖縄県民と、元衆議院議員の杉田水脈氏、カリフォルニア州弁護士のケント・ギルバート氏の5人（肩書はそれぞれ主催者が発表したもの。杉田氏はこの年10月に再選）。

さらに評論家の篠原章《あきら》氏が司会進行を務めた。

当然、私も会見に足を運んだ。

一部では私が記者席に陣取っていたことを「突撃」「潜入」と伝えているようだが、公開された会見において、そのようなことはあり得ない。内輪の発表会ならばともかく、日時や場所がオープンされ、しかもメディア各社にリリースが回っている会見におどろおどろしく「潜入」する意味などない。実際、私は会見前には主催者側とあいさつを交わし、会見出席者のひとりとは握手を求めてきたのでそれに応じた。少なくとも〝出だし〟が穏当であったことは事実だ。

だからこそ、質問することじたいを封じられるとは思ってもいなかったが――。そう、私は一切の質問が許されなかった。

聞きたいことは山ほどあった。

まず何よりも「ニュース女子」で放映された〝沖縄リポート〟が、「報道」「ニュース」として許容できるのか、という点だ。

すでに繰り返し述べてきた通り、番組は徹頭徹尾、取材をしていない。裏取りもしていない。「高江」をテーマとしながら、リポーターは高江に足を運んでもいない。「危ない」「襲撃されるかも」と反対運動の現場に凄惨なイメージを重ねつつ、一貫して足を止めたままの「取材」って、何なのか。

何を根拠に在日コリアンへの批判、さらには辛さんへの中傷をするのか。

そうしたことを知りたかった。というより、はっきりと、番組が「差別番組」であることを指摘したかった。

私は番組への批判に対し抗弁する自由はあると思っているし、そのことじたいを否定するつもりもない。基地反対派への批判が一切許されないのだと主張したこともない。

だが、現場取材することなく、あたかも「報道」「ニュース」であるかのごとく装う番組に関して、果たしてインタビュー出演をした方々はどのように感じているのか、そこを聞いてみたかった。

同時に、これもすでに言及してきた「日当問題」(反対派に日当が支給されているかのような論調)や、運動の「黒幕」として、のりこえねっと、同ねっと共同代表の辛淑玉氏が存在するかのような報じ方、さらにはファクトチェックの甘さなどについても質問したかったのだが、どれだけ手を挙げ続けても指名されることはなかった。

なお、会見の中身については後述するが、一切の質問が封じられたなか、唯一、ケント・ギルバート氏のみが、会見終了後に私の短い取材に応じてくれた。

ギルバート氏は会見において、「マスコミは現場に足を運びきちんと報道してほしい」「ちゃんと仕事すべきだ」と強調した。

だからこそ私は「まったく同感だ」としたうえで、「それはむしろ、『ニュース女子』のスタッフにこそ向けられるべきではないのか」と問うた。

これに対してギルバート氏は「必要な情報を提供しようとした意味はある」としながらも、「取材不足は否めない」「放送法的には問題がないとは言えない」と返答した。

もちろんギルバート氏が懐疑的に捉えているのは取材手法であり、番組で語られた内容を否定したわけではない。それどころか会見では思わずこちらが耳を疑うような発言もしている。とはいえ、そんなギルバート氏にさえ問題が指摘されていることは、番組制作側も認識しておいたほうがよいのではないか。

ヘイトだらけの記者会見

さて、会見における各出席者の話は、当然ながら「ニュース女子」で報じられた内容を全面的に擁護し、ＢＰＯに人権侵害の申し立てをした辛さん、彼女が共同代表を務める「のりこえねっと」を批判するものであった。

会見出席者を代表してあいさつに立った我那覇氏は「辛淑玉氏らの抗議のあり方は常軌を逸しており、すでに悪質な言論弾圧の様相を呈していると言わざるを得ない。真実を述べた私どももまた、間接的に言論弾圧を受けている現状」だとしたうえで、「どうしても言及しなければならない」として次のように続けた。

「ひとつは、日本国内における外国人の政治活動について。高江に常駐する約１００名程度の反対活動家のうち、約30名が在日朝鮮人と言われている。日本の安全保障に関わる米軍基地施設への妨害、撤去を、外国人たる在日朝鮮人が過激におこなうことが、果たして認められるものなのか。その実態を現地に入り取材した研究者は、この一連の反対活動を分析し、彼らの運動の背景に北朝鮮指導部の思想が絡んでいるとすれば重大な主権侵害に当たるし、大胆で組織的なスパイ活動ともいえるとレポートしている」

さらに「辛淑玉氏に公開討論を申し入れたが何の返答もない」として、2017年2月13日付で送付したという「申し入れ状」を読み上げた。

これは①高江における反対派の車両検問②同所での車両放置、生活破壊③暴力行為④禁止区域への不法侵入⑤機動隊への業務妨害、を辛氏に問うたものだが、次のような文言が添えられている。

〈貴女の抗議は、地上波東京MXテレビによって自らの不法行為と虚偽が首都圏から全国に拡散するのを恐れ、これを阻止する事が目的と断じれる。そのために貴女は、沖縄県を日本の植民地と言い、ありもしない沖縄ヘイトに論理をすり替えた。日本国民である我々沖縄県民が、在日朝鮮人たる貴女に愚弄される謂《いわ》れがどこにあろうか。

我々は、貴女の一連の言動が反日工作につながるものと解している。北朝鮮による無慈悲な日本人拉致、同国内における、処刑、強制収容所送り等《など》のすさまじい現在進行中の同胞人権蹂躙《じゅうりん》に対して、貴女が抗議しない不思議についても問うてみたい。それにしても、外国人の身でこれ程《ほど》の反日活動を行うとは驚きである〉

呆れるしかなかった。いや、憤りでからだが震えた。「在日朝鮮人たる貴女に愚弄される謂れがどこにあろうか」などと、ここまで開き直ったヘイトスピーチを大勢の記者が集まった会見の場で耳にすることになるとは思わなかったのだ。

ヘイトまみれの文言を長く引用したのは、会見出席者らの問題意識を正確に知ってもらうためだ。

そもそも「高江に常駐する約100名程度の反対活動家のうち、約30名が在日朝鮮人と言われている」という発言の根拠は何なのか。誰による、どのような報告をもとに、このような認識に導かれたのだろう。

実際、運動の現場に外国人の姿を見ることは珍しくない。あるときは米国人がいて、あるときにはオーストラリア人がいて、もちろん在日コリアンがいる。それぞれが問題意識を持ち、現場を訪ね、新基地建設反対の声を上げている。しかも基地問題は沖縄だけに限定されたものではない。日本で生活しているすべての人にとっては等しく重要な問題だ。日本社会で生きる人々が国籍に関係なく関心を持つのは当然だろう。

しかも上記発言や文書では、「反日活動」「反日工作」といったネットで多用される言葉を用い、なぜか拉致問題にまで話の裾野を広げている。

ファクトの怪しい話も含め、要するに「在日支配による運動現場」といった絵を描こうとしているように思えてならないのだ。

「外国人の身で」といった文言から匂いたつのは差別と偏見である。

また、出席者たちからは、番組への批判が「論理のすり替え」だといった指摘も相次いだが、「ニュース女子問題」を、それこそ番組への「弾圧問題」に「すり替え」てはいないだろうか。

「ニュース女子」を批判する側は一貫して取材不足を指摘し、ニュースソースを求め、明らかに虚偽と思える言説に抗議しているのだ。

これまでのところ、関係者の多くはそれにまったく答えていない。

リポーターを務めた井上氏も、番組の司会を務める長谷川氏も、いくら取材を求めてもなしのつぶてなのだ。

会見中盤では高江の反対運動の過程で「基地建設反対派が防衛局職員に暴行した」とされるいくつかの動画も上映された。

動画サイトにアップされ、各種ＳＮＳで流布されているものである。いずれも「反対派の暴力」を強調するために、またはそれが日常であるかのように〝利用〟されてきた。

緊迫した場面においては、当然、もみあいもある。反対派と機動隊、防衛局側が激しくぶつかることもある。だが、それは風景の一部でしかない。

多くの局面において暴力の被害を受けているのは、座り込みを続ける反対派の市民ではないのか。

高江や辺野古に足を運んだ人であればご存じであろうが、沖縄の反対運動の現場で「暴力」が奨励されたことはない。「非暴力」を掲げているからこそ、連日、多くの人が集まるとも言える。

そうしたなかでも衝突は起きる。機動隊員が市民らをごぼう抜きする光景は珍しくない。地面に組み伏せられたり、どつかれたりする人もいる。「土人《どじん》」発言に代表されるような暴言が飛ばされることもある。そこから発せられる憤りが、ときに荒々しく表現されることもあるだろう。激高するものもいる。

それが「抵抗」というものではないのか。言論の訴えが顧みられない状況下にあって、反対派を物理的行動に駆り立てる怒りは私も理解できる。そもそも基地を押し付ける側や圧倒的な力と権限を持った警察と、市民が対等の関係であるわけはない。

さらに言えば、暴力は「基地推進」を訴える。

在特会の元会長が率いる日本第一党のメンバーも、辺野古の現場に現れ、無抵抗の高齢者に向けて「じじい、ばばあ」と暴言を吐きながら反対派の旗竿などを引っこ抜いた。

これらについて「保守」を自任する側からは何ら言及はない。

期待していたのに会見で言及がなかった、という点では「日当支給」や「反対派による救護活動の妨害」といった番組内での発言に関し、その発言当事者が何も語らなかったことも不思議だ。

その代わり、と言ってはなんだが、会見ではさらに耳を疑うような「新説」まで飛び出した。

たとえば「応援団」として駆け付けた杉田水脈氏は、公安調査庁による『内外情勢の回顧と展望』に「書かれていた」として、「沖縄の基地反対運動のバックには中国が暗躍している」と発言した。

会見冒頭では「背景に北朝鮮」との発言も飛び出したが、今度は中国である。ネット上ではすでに手垢のついた論ではあるようだが、元国会議員の口から飛び出すとは思わなかった。

公安調査庁の調査力に関してはさまざまな議論もあるのだが、実は、杉田氏が「ネタ元」とした『内外情勢の回顧と展望』には、そもそも「反基地運動の背景に中国」といった記述はない。

書かれているのは「琉球独立」を掲げる団体に中国のシンクタンクや大学が学術交

辺野古の基地反対運動の現場に現れた日本第一党のメンバーたち

流を通して、中国に有利な世論形成を図っていると「みられる」といった記事である。さすがに「運動の背景に中国」と断じることができるだけの材料はないのだろう。それでありながら言い切ってしまったのは、明らかに「意訳」である。

しかも公安調査庁が依拠しているのは中国共産党お抱えの「環球時報」の記事である。日頃、メディアの「偏向報道」を批判している側が、公安情報からの引用とはいえ、中国の御用新聞の情報を丸呑みするとは何事か。

さらに杉田氏は「大阪のあいりん地区の日雇い労働者をリクルートして、沖縄の基地反対運動に入れている」とも話した。

これもどんな根拠に基づいた発言なのか。誰が何の目的で「リクルート」しているのか。その点にはまったく言及しない。これもまた中国による工作活動の一環なのだろうか。

けっして「初耳だ」とは私も言わない。これまで何度となくネットの掲示板などで目にすることがあったデマが、この類いである。

要するにこの人たちのネタ元はネットの書き込みでしかないのだろう。

しかもこれに続けて発言したケント・ギルバート氏もまた、「沖縄のデモ隊に流れているカネの出所は中国」だと発言した。

これに関しては会見終了後に、あらためて根拠を訊ねてみたが、「調べてみればわかることだ」として、中国がカネを出しているという具体的な証拠の提示はなかった。

記者会見の場で、まるでネット掲示板の書き込みにも等しい言説が飛び交ったのだ。

会見は1時間に及んだが、結局のところ、私が番組に抱いた疑問に対して、何かが覆るような報告は一切なかった。

「ニュース女子」は報道たりえたのか。語られたことは事実なのか。その根拠は何なのか。

何もかも説明はなかったのだ。

ちなみに同番組や会見で語られたことの多くは、前出・篠原氏（会見の司会進行役）による著作や記事からの引用であった。のちに篠原氏は番組の「取材不足」を認めながらも、私にこう話している。

「沖縄の歪んだ言論空間に一石を投じる意味はあった」

仮にそうした目的があったとして、しかし、虚偽の積み重ねが正当化されるわけがない。

番組が社会に持ち込んだのはデマと憎悪に縁《ふち》どられた、まさに「歪んだ」言論だった。

その後、ＢＰＯは番組に対し「重大な放送倫理違反があった」との意見書を発表、事実上の〝デマ番組〟だったことが認められたわけだが、沖縄へイトのうねりは収まらない。琉球処分の時代から続く沖縄への蔑視は、リニューアルを重ねながら、さまざまな形で醜悪な姿を見せつける。

痛みを抱えての裁判

私が辛淑玉さんと初めて会ったのは１９９９年だった。もう20年以上の付き合いになる。

あの頃、私は週刊誌「週刊宝石」（光文社・２００１年に休刊）の記者をしていた。「当時、安田さんはいまの半分くらいの体型だった」と辛さんは冗談めかして話すが、実際、私は痩《や》せていた。というより、やつれていた。10年に及んだ記者生活に飽き飽きして、撤退の道を探っていた時期でもある。

石原慎太郎・東京都知事（当時）の「三国人発言」や防災の日（9月1日）における自衛隊出動の問題などを取材する過程で辛さんと知り合った。石原氏の差別的な姿勢を問題視する人たちの集まりで、辛さんを取材したのだ。

私は飢えた野良犬のように、スキャンダルばかりを追いかけていた。そして辛さんはいかにも実業家といった雰囲気を身にまとい、颯爽《さっそう》と私の前に現れた。私にとって辛さんは眩《まぶ》しい存在だった。

だが、取材を重ねる過程で、私は辛さんのもうひとつの顔を知ることになった。差別に苦しめられ、苦痛に歪んだ表情があることを、私は目にすることになる。

石原氏への抗議活動をしていた辛さんの事務所には連日、脅迫や中傷の電話やファクスが相次いでいた。その頃、まだネットによる差別書き込みは一般化された手段ではなく、嫌がらせの多くは電話とファクスを利用したものだった。

「朝鮮人は国に帰れ」

差別者の物言いは昔も今も変わらない。むき出しのヘイトスピーチが襲いかかっていた。

辛さんが「抗議ばかりで、1日でファクスのロール用紙が全部なくなっちゃうんだよ。すごいよね」と笑いながら私に話したことがある。無理して笑顔をつくっていることは誰の目にも明らかだった。おどけながら、笑い飛ばしながら、でも、ときおり暗い目をして「疲れる」と口にした。

おそらく――ずっとそうした苦痛を抱えて生きてきたのだろう。

そして、法や制度が辛さんを差別と偏見から救うことはなかった。それは多くの在日コリアンも同様だったはずだ。

その辛さんが、「ニュース女子」を制作したDHCテレビジョンと、同番組の司会を務めていた長谷川幸洋氏（当時・東京新聞論説副主幹）に計1100万円の慰謝料などを求めて東京地裁に提訴したのは18年7月だった。

訴状によると、DHCテレビがネット配信した「ニュース女子」の内容は、辛さんを〈犯罪行為もいとわぬ過激な集団の活動をあおり、経済的に支援する人〉とし、社会的評価を低下させたと指摘。長谷川氏については、〈番組に批判が集まっても、反省せず、正当化した司会者としての役割は重い〉として被告に含めた。

提訴後の会見で辛さんは次のように述べた。

「笑いながら、事実にもとづかないことで、私と、沖縄でその人生をかけて『戦争が嫌だ』と声を上げている人たちを侮辱しました。デマは社会を壊します。侮辱された沖縄の人たちの、その思いをバトンとして託されて、この裁判に臨みたい」

最も傷ついた者が最前線に立つ。そして、さらに激しい攻撃を受けることになる。

その理不尽さを思うと、私はただただ息苦しかった。

私たちは社会の不条理と闘う役割を、辛さんに押し付けているのではないかと思った。

実際、辛さんは疲れ切っていた。

食事も受け付けないほどに弱っていた。味覚を失い、吐いてばかりいた。辛さんの衰弱は誰の目にも明らかだった。

当然だ。反対運動の黒幕だと中傷され、朝鮮人だからと差別され、沖縄の反基地運動を絡めて侮蔑されたのだ。しかも「被害」を訴えてからはさらにヘイト攻撃が勢いを増した。常人では耐えられない。耐えることのできる人間などいるのか。

辛さんはネトウヨたちのサンドバッグにされたのだ。

裁判のヤマ場となったのは21年3月である。辛さん、番組責任者であるプロデューサーの一色啓人氏、そして長谷川氏の証人尋問がおこなわれた。

ちなみに長谷川氏は辛さんが提訴した直後、訴訟自体が名誉毀損だとして自ら反訴している。加害者でありながら被害者の枠組みに逃げ込んだのだ。私がこれまで目にしてきたレイシスト連中とまるで変わらないポジションを示した。

案の定、尋問において長谷川氏は「辛さんの抗議でジャーナリスト生命が脅かされた」などと主張。そのうえで「デマは流してもいない。名誉を毀損するような発言もしていない。放送内容も事前に詳しくは知らなかった」と訴えた。加害者としての自覚も、そしてジャーナリストとしての矜持《きょうじ》も、そこには見ることができなかった。

ひどかったのは、辛さんに対するＤＨＣ側弁護士の尋問だった。

「母国である韓国で基地反対運動をしないのか」

なんという言い草だろう。そこには朝鮮半島で生活してきた人間が、なぜに日本での暮らしを選択せざるを得なかったのか、歴史の文脈がまるで無視されている。在日コリアンの来歴も、日本の植民地主義も、この弁護士にとってはまるで関心がないのだろう。法廷で、しかも弁護士が堂々とヘイトスピーチを披露したのである。

裁判終了後、長谷川氏も一色氏も、私たち取材者の質問を一切無視し、足早に裁判所を後にした。何ひとつ、報道陣に声を残すことはなかった。

終わらない差別

東京地裁で判決があったのは2021年9月1日である。地裁（大嶋洋志裁判長）は名誉毀損を認定し、制作会社のＤＨＣテレビジョンなどに550万円の支払いと、謝罪文の掲載を命じた。一方、番組司会者である長谷川氏に関しては「企画や編集に関与していない」として、その責任は認めなかった。同時に長谷川氏からの反訴も棄却された。

重要なのは「ほかの事例と比べて極めて高額な賠償命令だった」（原告側の佃克彦弁護士）ことにある。

判決では、「ニュース女子」の放送内容について、辛さんが米軍基地建設への抗議活動において「暴力や犯罪行為が行われることを認識・認容したうえで、経済的支援を含め、これを煽っている」という印象を与えるものだと指摘。さらに「十分な取材や裏付け調査」もしておらず、真実相当性（真実だと認めるに十分な理由）もないとして、「原告（辛さん）の名誉を毀損するものであり、（番組側の）不法行為責任は免《まぬが》れない」と判示した。

そのうえで辛さんの「精神的損害が重大」「金銭賠償のみをもって塡補《てんぽ》するのでは十分とはいえない」とも指摘し、謝罪広告の掲載も命じた。

その他、ネットで公開されていた番組動画に対する削除命令は棄却されたが、動画公開が続く限り、謝罪広告もまた継続しなければならない条件が付けられた。つまり動画再生するたびに視聴者は番組側の「謝罪」を目にすることになる、というわけだ。

ちなみに、掲載を命じられた謝罪文の内容は以下の通りである。

〈タイトル〉ご報告とお詫び
〈本文〉

当社（※DHCテレビジョン）が2017年1月2日及び同月9日に「TOKYO MX」を通じて放映し、その後、当ウェブサイトで送信してきた本番組「ニュース女子＃91」「ニュース女子＃92」は、沖縄における基地反対運動において、あたかも辛淑玉氏が、暴力も犯罪行為も厭わない者たちによる反対運動に関し、同反対運動において暴力や犯罪行為がされることを認識・認容した上で、経済的支援を含め、これを煽っているかのような、事実と異なる内容を有するものでした。

当社は、上記各番組の放映により、辛淑玉氏の名誉を棄損したことを認め、辛淑玉氏に対し深くお詫び致します。

DHCテレビジョン

こうしたことから原告・辛さん側の圧倒的な勝訴であることは疑いようがない。被告側の主張はことごとく退けられたのだ。

前述したように、番組は手抜き取材であるだけでなく、米軍基地建設に反対する市民を「テロリスト」などと表現したほか、辛さんを運動の「黒幕」であるかのように報じた。番組内では「（辛さんは）在日韓国・朝鮮人の差別に関して闘ってきた中ではカリスマ。お金がガンガンガンガン集まってくる」といった発言もあった。

だからこそ、ＢＰＯの放送倫理検証委員会は17年12月14日、同番組について「重大な放送倫理違反があった」とする意見書を提出。18年3月8日にもＢＰＯ放送人権委員会が辛さんへの人権侵害を認定している。

また、番組を放映したＭＸテレビは18年7月、同社社長が「深く傷つけたことを深く反省し、お詫びいたします」と辛さんに直接謝罪した。

制作会社のＤＨＣテレビジョンだけが謝罪も反省を拒んでいたことにより、辛さんは提訴に踏み切ったのである。

奇《く》しくも判決のあった9月1日は、朝鮮人虐殺の引き金となった関東大震災から98年目の日でもある。

判決後の会見で辛さんはそのことにも触れた。

「あのときも朝鮮人は犬笛で殺された。人々はデマに踊らされ、朝鮮人を死に追いやった。私の祖母は震災時、東京にいた。祖母は深夜に突然、起きだして、部屋のなかを歩き回ることがあった。何をしているのかと問うと『日本人が押しかけてくるんだよ』と答えた。祖母は悪夢から逃れることができなかったのだろう」

だから「虐殺」は辛さんにとっては「歴史」じゃない。引き継がれ、胸に刻印された「記憶」のひとつだ。

それでも「日本は私のふるさと」だと辛さんは強調した。国へ帰れ、非国民だと醜悪で無責任なヘイトスピーチを繰り返す者たちは、その心情が理解できるだろうか。

私は記者会見を終えた辛さんのもとに駆け寄った。

なんと声をかけるべきか。まぶたを真っ赤に腫らした辛さんの顔を目にしたら、何も言葉が出てこない。

「前の晩は眠れなかった」と辛さんの口から低くくぐもった声が漏れた。

「(裁判に)負けたらどうしよう。そんなことを考えているうちに、平静ではいられなくなった。私が負けたら……きっとまた叩かれる。それみたことかと騒がれる。そのうえ沖縄の人々もバッシングの対象となる。耐えられないよ、そうなってしまったら。だから不安で仕方なくて、一睡もできなかった」

幸い、裁判に勝った。間違いなく勝訴だ。喜ばなくちゃいけない。なのに、何なんだ。

嗚咽《おえつ》をこらえたような辛さんの声を聞きながら、あまりにせつなくて私のほうが泣きたくなった。

貶められて、傷ついて、闘って、ようやくここまで来たのだ。両手を挙げて喜びを表現したっていいじゃないか。それでも辛さんは固い表情を崩さない。少しの笑みも見せない。

会見では「画期的な判決。突破口を開いたようにも思う」と前置きしたうえで、こんなことも述べていた。

「判決を聞きながら、沖縄のことを考えていた。沖縄戦を経て、日本に捨てられ、そして日本国憲法を望んで、日の丸まで振って日本に復帰した沖縄の歴史。その沖縄を、そこで生きる人々を、番組は愚弄した。それについては、裁判所の力でも裁くことはできなかった。つまり、私ひとりだけが救助されたようにも思う。自分が卑怯《ひきょう》な存在なようにも感じた」

裁判に勝ってなお、これでよかったのかと自身を責める。

確かに差別の視線と中傷が向けられたのは辛さんだけではない。沖縄で基地被害を訴えてきた市民も、あるいは日本社会で暮らす外国籍市民もまた、辛さん同様の苦痛を味わった。

だからこそ、先頭に立って闘った。「卑怯」なものか。標的にされたのだ。理不尽な憎悪を向けられたのだ。これでもかと差別に満ち満ちた言葉を向けられてきたのだ。

前述のように、裁判では相手側弁護士から「母国である韓国で基地反対運動をしないのか」とも質問された。在日コリアンとして生きてきた辛さんにとって、そうした言葉がどれだけ苦痛を伴うものであったか、おそらくその弁護士にわかってはいまい。「国へ帰れ」という言葉の矢を全身で受け止め続けてきた辛さんの思いなど、はじめから理解していなかったに違いない。

「卑怯」なのは、いつだって差別する側だ。

安全圏に居座り、ときにヘラヘラと笑いながら、差別の旗を振り続ける者たちだ。

辛さんは、恥じることなんて何ひとつない。

満身創痍《そうい》で勝ち取ったのだ。誇るべき勝訴だった。

その後、裁判は控訴審（東京高裁）でも勝利。そして──23年4月26日、最高裁は辛さんに対する名誉毀損を認め、５５０万円の支払いを命じた東京高裁判決が確定したのである。

「決して負けてはならない裁判だった」

確定後の記者会見で辛さんはそう述べた。

相変わらず厳しい表情だった。

「沖縄の友人たちを叩くために私が使われたことが本当につらかった。万が一、裁判に負けたら、沖縄に対するデマが日本社会に定着し、もっとひどいことが起きる。沖縄に来られないと思った」

裁判に勝ってもデマや差別はなくならない。辛さんに対する攻撃はいまもネット上にあふれたままだ。

「沖縄への差別と在日への差別にミソジニーが加わる。生意気な朝鮮人である女の口をふさぐことが、差別者にとって気持ちのいいことだったのでしょう」

裁判は勝利で終わった。だが、それは差別の終わりを意味するものではない。そもそも制作会社も、この番組に関わった者たちも、誰ひとりとして謝罪はしていないのだ。

それでも私は、全身で差別と立ち向かい、傷つきながら、幾度も倒れながら、脅迫に泣きながら闘った辛さんの存在を誇りに思う。

下劣な笑いで人を、地域を、社会を傷つけている連中の何百倍も、何千倍も、辛さんは必要とされる人だ。

この国の最も醜悪な部分を可視化させてくれたのだから。

私たちは、困難な立場にあるマイノリティに、その役目を負わせてしまった、とも言えるだろう。

日本社会は、辛さんに救われたのだ。

第5章

「プロ市民」とは誰のことか

保育園に向けられた罵声

緑ヶ丘保育園（宜野湾市）は、米軍普天間基地の野嵩《のだけ》ゲートから東側に約300メートルの住宅地のなかにある。同園の屋上に米軍ヘリコプターの部品が落下したのは2017年12月7日のことだった。長さ15センチ、直径10センチの円筒状の物体には「REMOVE　BEFORE　FLIGHT」と英語表記のラベルがあった。

地元メディアはこれを大きく報じ、保育園の職員、子どもを通わせている保護者からは一斉に米軍を非難する声が上がった。

だが、事態は関係者の誰もが予想もしなかった方向に流れていく。在沖米軍は保育園の敷地で見つかった物体が大型輸送ヘリCH53Eの部品であることは認めつつも、「飛行中の機体から落下した可能性は低い」との見解を示した。その瞬間から、保育園には「事故を自作自演した」といった誹謗中傷の声が押し寄せるのであった。

事故の翌日――保育園の電話が鳴った。園長の神谷武宏さんが受話器を取ると、男性の怒鳴り声が響いた。

「デタラメを言うな！」

男性は神谷さんの言葉を待つでもなく、「自作自演はやめろ」と続けたのち、一方的に電話を切った。

　これが始まりだった。しばらくの間、こうした電話が相次いだ。いずれも神谷さんや保育園を罵倒するか、さもなくば無言の嫌がらせである。

「反日」「嘘をつくな」「やらせだろう」――。被害当事者であるにもかかわらず、言葉の刃が向けられる。

「昼夜問わずに電話がかかってくる。怒鳴りまくって、こちらの話を聞く前に電話を切るというパターン。受ける側とすれば疲弊するだけです」（神谷さん）

　それでも当初は、相手の話だけでも聞かなければいけないと思った。神谷さんは〝議論〟を試みたこともある。

　ある日の電話。相手は神谷さんを名指しで批判した。地元メディアに対して神谷さんが「米軍機は保育園の上空を飛ばないでほしい」とコメントしたことを執拗に糾弾する。

「米軍機を飛ばすなとはどういうことだ」

　子どもたちを危険な目にあわせたくないからだ――神谷さんはそう答えた。

　すると相手は声のトーンを上げた。

「では、いったい誰が日本を守ってくれるというのだ。中国が攻めてきたらどうするつもりだ！」

落ち着いて対応するにも限界だった。怒りが込み上げてきた。そのために子どもたちの日常が危険にさらされてもいいというのか。万が一の犠牲も仕方ないというのか。国防のため、というのであれば、では、あなた自身はどのようなリスクを抱えているのか。基地に隣接する地域の住民だけが、それを背負わなければいけないのか。さまざまな思いが、激情が、身体を突き抜けていく。

今度は神谷さんが声を張り上げた。

「あなた、普天間の周辺がどのような状況にあるのか知っているのか！」

その迫力に気圧《けお》されたのか、一瞬、相手は言葉に詰まったようにも感じられた。

神谷さんはあらためて落ち着いた声で訊ねた。

――あなたは沖縄に住んでいる方ですか？

「そうだ」

――どちらに住んでいるのですか？

わずかな沈黙の後に、「うるま市」と短い返答があった。だが、言葉に沖縄出身者特有のアクセントがない。神谷は重ねて聞いた。

――本当に沖縄の方なのですか？

「違うよ。こっちは江戸っ子だ！」

急に大声になったかと思ったら、電話はあっけなく切れた。

脱力した。ほんの少しであっても、相互理解に近づけるのではないかと期待した自分自身を笑いたくなった。

以来、嫌がらせ電話に真摯《しんし》に向き合うことをやめた。

「どこの誰かもわからない相手の一方的な暴言に付き合う理由はありません。実際、業務に支障が出ています。いまでは留守番電話にしていることが多いですね」（神谷さん）

当然の対応だ。〝ネトウヨ〟批判を繰り返す私のところにも、嫌がらせ電話は少なくないので、状況は十分に理解できる。こうした電話の相手は、そもそも議論など求めていない。恫喝し、嘲笑し、捨て台詞《ぜりふ》を残して電話を叩き切るだけだ。もちろん、私はそれをネタとして転用できる。取材相手が勝手に飛び込んでくれるようなものだから、ありがたいと思えるときもある。だが、保育園は自称愛国者の相談機関ではない。業務にとっては何の利益もメリットもない。暴言に耳を傾けている間、子どもたちから目を離さなければならないのだ。単なる時間の浪費だ。業務妨害だ。

だが、なかには「園児の父親」を名乗って電話をかけてくる者もいたという。

「こんな保育園に子どもを預けるわけにはいかない」とまくしたてる。さすがに保護者とあれば、対応せざるを得ない。念のために名前を訊ねると、その瞬間に電話は切れた。事故後に退園した子どもはいないので、おそらくはこれも嫌がらせであろう。

中傷メールも増えた。

〈反日活動家・神谷武宏〉

〈事故ではなく捏造事件だろうが！〉

〈日本に楯突《たてつ》くならお前が日本国籍を放棄して日本から出て行け！〉

キリスト教系の保育園だと調べたうえで、知った風な文言を書き連ねてくる者もいる。

〈あなたはキリスト教の七つの大罪ってご存知ですか？（※起源となった八つの枢要罪は）「暴食」「色欲」「強欲」「憂鬱」「憤怒」「怠惰」「虚飾」「傲慢」です。あなた方は「怠惰」「虚飾」「傲慢」に該当しませんか？　私は「憂鬱」「憤怒」です〉

ネット掲示板やSNSへの書き込みはさらに悪質で、神谷さんが米軍放出品を扱う店で部品を購入し、それを敷地内に置いたのだと、断定したものまであった。神谷さんを「韓国籍」だと疑ったり、外国の「工作員」だとするなど、排外主義むき出しのコメントが並ぶところは、いつもの流れでもある。

「部品落下も怖いが、被害を疑うどころか、寄ってたかって被害当事者をつるし上げるような社会の空気感も怖い」（神谷さん）

同様の誹謗中傷は、やはりCH53E大型輸送ヘリの窓(重さ約8キロ)が落下した普天間第二小学校にも寄せられている。事故の起きた17年12月13日以降、「またやらせか」「基地のそばに小学校をつくったのはあなた方」といった電話が相次いだ。この件では米軍側が落下を認めているにもかかわらず、だ。

前述した通り、普天間基地の敷地は、戦時中まで宜野湾の中心部だった。沖縄を占領した米軍は地域の住民を収容所に送り込み、いわば火事場泥棒的に土地を強奪したのである。だからこそ人々は基地のフェンスにへばりつくように住みだした。

同小が基地の近接地に開校したのは1969年だ。街の中心部を基地に占められた宜野湾市において、ほかに適地がなかったからだ。もちろん、3年後の本土復帰に伴い、基地も返還されるだろうという見通しもあった。だが、期待は裏切られる。本土の海兵隊部隊が普天間に移駐し、むしろ基地機能は強化されたのだ。

騒音や墜落の危険性などから、小学校の移転は過去に何度も検討された。宜野湾市は小学校の移転先としてキャンプ瑞慶覧《ずけらん》の一部(現在の西普天間住宅地区)返還を求め、80年代には那覇防衛施設局(当時)へ要請書を出している。

だが、小学校をあらたに建設する費用(学校用地の取得費など約25億円)の補助を、国は認めなかった。

同小関係者によれば、嫌がらせ電話のなかには、「基地反対派が普天間の危険性を訴えるために、あえて学校を移転させないでいるからだ」「子どもを人質にするな」といったものも少なくなかったという。これは一部メディアが「日米で合意していた学校の移転話が、市民団体の反対でつぶれた」と報じたためだが、地元で取材すればそのような事実は確認できない。

だが、こうした話はネット上で拡散され、あたかも「プロ市民が学校を危険にさらしている」といった文脈が広まってしまった。

歴史的経緯を知らぬ者が、いや、知るための努力を放棄した者が、学校を責め立て、「何もない場所に普天間基地ができた」「あとから人が住むようになった」といったデマの流布にも努める。それればかりか、基地被害を受けた住民を「身勝手」「自己責任」、挙げ句には「自作自演」だと貶める。保守だ愛国だと声高《こわだか》に叫びながら、結局のところ、地域住民の思いや痛みを想像することもない。外国の軍隊に肩入れし、そこに反発する人々を敵視する。

この、底が抜けたような感覚。どうやら「落下」したのはヘリの部品だけではないらしい。勢いよく下降し続ける、荒《すさ》んだ「空気感」こそが、まさに沖縄へイトの内実だ。

前出の神谷さんは言う。

「落下物がわずかにずれれば、園児の頭上に落ちたかもしれない。その可能性をなぜに想像できないのか。何事もなかったようにヘリや戦闘機を飛ばし続ける米軍も、それを当然のように受け止める人々も、いま、ここに、生身の人間が存在していることを忘れてもらっては困ります」

この数年間、部品落下、不時着といった米軍機関連事故が続発している。それでも当の米軍は反省するどころか、死傷者が出なかったことをありがたく思えと言わんばかりの対応を示している。

ハリー・ハリス米太平洋軍司令官は小野寺五典《いつのり》防衛相（ともに当時）との会談で、米軍普天間飛行場所属機の不時着が相次いでいることに関し「一番近い安全な場所に降ろす措置に満足している」と述べた。

「満足」とはいったい何なのか。2018年1月6日、伊計島《いけいじま》での米軍機の不時着は、民家からわずかに100メートルという場所だった。その2日後、読谷村での不時着は、地元行政事務組合の敷地内である。しかも大型リゾートホテルから約250メートルという場所である。どちらも県民の生活圏ではないか。恐怖や脅威を与えておきながら「満足」とは、不謹慎もいいところだ。

こうした対応は過去にも繰り返されてきた。

04年に沖縄国際大学に米軍ヘリが墜落した際、当時のトーマス・ワスコー米司令官はけが人が出なかったことをもって「素晴らしい功績だ」と述べた。

16年、名護市の海岸にオスプレイが墜落した際も、米軍のローレンス・ニコルソン四軍調整官は「住宅や県民に被害を与えなかったことは感謝されるべきだ」と述べただけでなく、県の抗議に不快感さえ示した。

沖縄県民の命が軽視されているとしか思えない。

さらに問題は、日頃から「国民の生命、財産、安全を守る」と豪語している政府が、あるいは安全保障を熱く語る一部の愛国者が、米軍の不適切としか思えない物言いをすんなり受け入れているばかりか、それに歩調を合わせ、被害当事者には冷淡であり続けることではないのか。

たとえば政治評論家の竹田恒泰《つねやす》氏はネットの報道番組に出演した際、米軍の不時着に関し「街を避けて降りてるというのは高い倫理観と正義感に基づいている」としたうえで、「拍手喝采《かっさい》もの」「よくぞ、ちゃんと不時着した。さすが米軍の軍人だと言わなければいけない」などと称賛している。

この無邪気さは何なのか。この人は保守を自称しているが、いったい誰を何から保守すべきと考えているのか。

結局、社会の一部には「沖縄だから仕方ない」「沖縄だから許される」、そして「沖縄は我慢すべきだ」といった意識があるのだろう。

基地被害を主張するのは「プロ市民」――。そう考えることで、沖縄に基地を押し付けているといった「本土」の負の意識も合理化できる。

フェイクもヘイトもやり放題。どうせ沖縄は遠い。今日も「本土」は安全だ。

「反基地」批判へのマジックワード

全国約８００の地方議会事務局に、〝普天間基地の辺野古移設を求める意見書〟の採択を陳情する書面が届けられたのは２０１５年11月のことだった。陳情書は一刻も早い普天間の危険性除去を訴えつつ、辺野古移設が唯一の選択肢であるかのように記されている。私が調べた限り、これをもとに、辺野古移設推進の意見書を採択した地方議会は19あった。

採択を働きかけたのは名護市議会の保守系議員11人である。全国に送付された陳情書をいまあらためて確認すると、そこに渡具知《とぐち》武豊《たけとよ》氏の名前があった。18年2月の名護市長選で辺野古移設反対派が推す現職の稲嶺《いなみね》進氏に競り勝った現市長である。

これを見ても渡具知氏がもともと「辺野古移設容認」であることは明白だ。過去には地元紙の取材にも「条件付き賛成」と答えている。

その渡具知氏、18年2月の市長選では辺野古移設に対する賛否を明らかにせず、辺野古への言及も封印した。

私の手元に「応援メモ」と題された文書がある。市長選において渡具知陣営が作成したもので、応援に入る自民党国会議員などへの指示が記されている。

メモの最後には大きな文字で次のように書かれていた。

〈NGワード…辺野古移設（辺野古の『へ』の字も言わない）〉

続けて、メモはこう〝指示〟している。

〈オール沖縄側は辺野古移設を争点に掲げているが、同じ土俵に決して乗らない！〉

〈普天間基地所属の米軍機の事故・トラブルが続く中でも、『だから一刻も早い辺野古移設』などとは言うべきではない〉

つまり徹底した「辺野古隠し」こそが陣営の戦略だった。実際、辺野古移設は争点とならず、選挙戦中、渡具知陣営は相手候補が呼びかけた公開討論もすべて拒否している。

むろん名護市民のなかに、「基地より経済」を望む声は少なくなかった。だからこその勝利でもある。だが、それは必ずしも辺野古移設が容認されたことを意味しない。

地元紙の調査でも、いまだ有権者の7割近くは辺野古移設に反対の意思を表明している。

一方、政府はゴキゲンだ。当時、安倍晋三首相は選挙翌日に早速、「市民の理解をいただきながら、最高裁判決に従って進めていきたい」と、まるで辺野古移設の民意が得られたかのように発言した。『「へ」の字も言わない』で獲得した勝利は、その後も辺野古新基地建設推進の方針に援用されることになる。

ところで、選挙戦で目立ったのは、3期目を目指した稲嶺氏とその陣営に対する中傷、デマの流布だった。

沖縄では国政、地方を問わず、選挙のたびに「本土発」と思われるデマが流布されるようになったが、このときが最初であったかもしれない。

具体的な根拠を示すことなく当時の稲嶺市政を批判する怪文書や、「中国の手先」「大量の運動員を名護市内に転居させた」といった情報が飛び交った。

現職の国会議員まで、そこに参戦する。

〈翁長知事の「オール沖縄」という名の親中反米反日勢力と共にある現職は、名護市政をすっかり停滞させてしまった〉

〈沖縄を反日グループから取り戻す大事な選挙〉

ツイッターにそう書き込んだのは自民党の山田宏参院議員だった。

手垢にまみれた「反日」がここでも登場した。敵を設定し憎悪を煽る構図は、反基地運動に対するそれと同じだ。

ネット上にはこれまで沖縄の反基地運動への攻撃に使われてきた、さまざまな誹謗中傷が書き込まれた。

「反日」と並んで最も多く用いられたのは、やはり「プロ市民」なる文言であろう。必ずと言ってよいほど「反基地」の背景に持ち出されるマジックワードだ。

何やら怪しげな勢力が運動を支配し、沖縄と日本を破壊に導く――「プロ市民」はそのように位置づけられる。

米軍ヘリの部品落下事故の〝現場〟となった宜野湾市の保育園では、被害当事者であるはずの園長も「プロ市民」だと攻撃されたことは先述した。

便利な記号だ。内実はどうでもいい。憎悪を煽る犬笛として多用される。

「プロ市民」はもともと、罵倒や中傷のために使われる言葉ではなかった。

新聞紙上で初めて「プロ市民」なる言葉が登場したのは1996年9月3日付「佐賀新聞」の記事である。

同紙は武雄《たけお》市内で開催された町おこしイベント「長崎街道サミット」の様子を報じた。記事にはサミットに出席した桑原允彦《まさひこ》氏（当時の佐賀県鹿島市長）の発言が掲載されている。桑原氏は住民ぐるみで成功させた「ガタリンピック」（干潟での競技大会）について、次のように述べた。

〈鹿島のガタリンピックを地域の仲間と一緒にやってきた。今でこそ関東から高校生が参加するなどして成功しているが、初めは行政では決してできない、しかも補助金に頼らないイベントを目指した。苦労も多かったが、住民は行政の下に成り下がってはだめ〉〈〝プロ市民〟になろうという意識を持って頑張った〉

実は「プロ市民」は桑原氏の造語だ。政治や行政の従属者とならない自立した地域住民を意味するものだった。これ以降、しばらくの間「プロ市民」は自立協調の住民運動を好意的に伝える文脈で、各地で用いられるようになった。

その意味がいつ反転したのか。おそらく今世紀に入ってからすぐにネット上では「反日」や「非国民」といった言葉との合わせ技で、〝運動叩き〟の文脈で使われたように記憶している。

04年には月刊誌「諸君！」（8月号、09年に休刊）が、〈プロ市民の、毎日が「反日」デー〉なるタイトルの記事を掲載した。

いま、「プロ市民」と呼ばれて喜ぶ者はいないだろう。自立は秩序の破壊だと見なされ、〝プロ〟はカネ目当てであること以外の意味を持たない。

そうしたなか、沖縄であえて「プロ市民」であることに、本来の意味を見いだそうとしている人物がいる。

前出のラッパー・大袈裟太郎さんだ。

高江で、辺野古で、彼は機動隊と対峙《たいじ》し、基地建設に抵抗した。名護市長選挙では稲嶺陣営のボランティアスタッフとして奔走した。

連日、ツイキャスで基地建設反対運動の現場リポートもしていた。

当然ながら、大袈裟こそが「プロ市民」の筆頭であると、ネット上では攻撃の対象とされている。

「だからどうした、としか言いようがないですよね」

名護市内の定食屋でカレーライスをかきこみながら、彼は「へへ」と笑った。

「プロのラッパーである以外に、僕はこの時代を真剣に、そして敏感に生きていきたいと思っている。それを〝プロ〟と言うのであれば、僕に向けられたものであるなら別に構わないですよ」

ただ――と大袈裟さんは続ける。

「カネのために運動しているといった中傷に使われるのであれば、反対運動に参加している人々のためにも大声で反論したい。誰もが何かを個人的に得るために参加しているわけじゃないんです」

南国の陽に焼けた腕を突き出し、大袈裟さんはそのときだけ、悲痛な表情で訴えた。
「地域を守りたい、自然を守りたい、沖縄だけに負担を押し付けたくない。真剣にそう考えているからこそ、座り込む。機動隊とも向き合う。誰も個人的な損得なんて考えている人はいないですよ」

大袈裟さんが東京から名護に移り住んだのは16年夏だ。高江のドキュメンタリー映画「標的の村」(三上智恵《ちえ》監督)を観たことがきっかけだった。沖縄に強いられた「現実の重たさ」にショックを受けた。

それまで沖縄に強い関心はなかった。いや、なんとなく「知っているつもり」になっていただけだった。だが、映画で高江の存在を知ったことで、「基地の島」という紋切り型の言葉をなぞっていただけの自分自身を恥じた。高江で起きていることは沖縄の問題ではなく、日本社会の問題なのだと強く意識するようになった。

同年7月、高江に機動隊が導入され、反対運動に参加している人々が強制的に排除された。その映像をニュースで見た大袈裟さんは、居ても立ってもも居られなくなり沖縄へ飛んだ。

高江がどこにあるのかも知らない大袈裟さんは、まず、那覇市内で情報収集した。たまたま入ったバーで、「高江に行きたいと考えている」と店主に伝えた。店主は呆れたような表情を見せ、次に冷ややかにこう言い放った。

「あそこに沖縄の人はいないよ。みんな日当もらっているプロ市民だから」

それを聞いて、にわかに決意が揺らいだ。「変わり者」を自認するにもかかわらず、世界観の違う人々だけのコミュニティが高江にあるのではないかと考えて、足が重たくなった。

映画を観てショックを受け、バーの店主から指摘されて再び振り子が戻る。結局、現場に行かなければ本当のことはわからない。だから「闘う」ためではなく、「知る」ために高江に向かったのである。

そして、嫌というほどに「現実」を視界に収めることになる。

むき出しの国家の暴力。理不尽。そして「プロ市民」とされる人々の姿。大袈裟さんが高江で出会った人々は、「活動家」や「運動家」として生きる人たちではなく、新たに基地がつくられることをわが身の痛みとして感じ、ぎりぎりの抵抗を試みる、当たり前の人間の姿だった。

「結局、目の前で起きていることこそが真実だと、ようやく気付くわけです」

最初は10日間の滞在のつもりだった。もう一日、もう一日と滞在を延ばしているうちに、すっかり腰を落ち着けてしまった。いまでは名護のアパートに住んで音楽活動も続けながら、基地反対運動に深く関わる。

17年11月には機動隊員が手にする誘導棒を「盗んだ」などとされ、公務執行妨害などの容疑で現行犯逮捕されたことは先に述べた。もみあいのなかで、思わず誘導棒をつかんだだけの、完全なでっち上げである。産経新聞はそれを待っていたかのように、中傷記事を書いて、結局、名誉毀損裁判で原告の大袈裟さんに負ける。

起訴されることもなく一晩の勾留で釈放されたが、時と場合によっては国家権力が「犯罪」をつくりあげるのだということも、身をもって知ることとなった。

「悪い経験ではなかったと思っています。名護署の取り調べ室では、初めて警察官と落ち着いて話をすることもできました。わかったのは、警察官もまた、ネットのデマを苦々しく思っているのだということ。日当などについても『ひどいデマだ』と渋い表情を見せていたことが印象に残っています」

半袖のTシャツから無防備にさらした両腕が日焼けを重ねるごとに、大袈裟さんは沖縄に強いられた負担の意味を理解していく。網膜に風景を焼き付け、耳奥に声を取り込み、沖縄が、いや、日本の姿が見えてくるようになった。

ありのままの姿を見せようとしない国家権力の大きさも知った。デマを流す側の姿も捉えた。それに流される人々の姿も見た。かつての自分の姿もそこにある。

揺れながら、迷いながら、たどり着いた地平で、大袈裟さんは自分のなかに新たな道をつくろうとしている。

それが「プロ市民」を自称する大袈裟さんの生き方だった。

土人発言「出張ご苦労様」

取材の過程で沖縄ヘイトに触れるたび、私のなかでひとつの風景がよみがえる。

2013年1月27日。沖縄の首長や県議たちが東京・日比谷公園に集まり、オスプレイ配備反対の「建白書」を政府に届けるデモをおこなったときのことだ。デモの隊列が銀座に差しかかったとき、沿道に陣取った者たちからデモ隊に向けて飛ばされたのは罵声と怒声、そして嘲笑だった。

「非国民」「売国奴」「中国のスパイ」「日本から出て行け」――。日章旗を手にした在特会（在日特権を許さない市民の会）などの集団が、まさに「反沖感情」を露骨にぶちまけたのである。

この日、デモ隊の先頭に立っていたのは当時那覇市長だった翁長雄志氏（故人）だった。翁長氏はのちに、「差別者集団よりも、同じ日本国民である沖縄県民が罵声を浴びせられているなか、それを無視している人々に憤った」と話している。

ヘイトスピーチの問題を取材してきた私は、デモ隊を小馬鹿にしたように打ち振られる日章旗を見ながら、沖縄もまた排他と差別の気分に満ちた醜悪な攻撃にさらされている現実に愕然《がくぜん》とした。沖縄が〝敵〟として認知され、叩かれる――よりわかりやすい形で沖縄は差別の回路に組み込まれていた。

そのとき、あらためて確信した。ヘイトスピーチと沖縄バッシングは地下茎《ちかけい》で結ばれている。不均衡で不平等な本土との力関係のなかで「弾除け」の役割だけを強いられてきたのが沖縄だった。いまや一部の日本人からは「売国奴」扱いされるばかりか、「同胞」とさえ思われていないのか。

そして、差別の旗を振り続け、憎悪をけしかける者たちがいる。

さらに政府は沖縄を無視し続ける。

選挙や県民投票で「辺野古新基地建設反対」の民意を示しても、政府は微動だにしない。いや、なんら痛痒《つうよう》を感じることもなく、沖縄県民の感情を逆なでするかのように基地建設を進める。ネトウヨなみの差別扇動、デマの流布にも加担する。

18年の名護市長選で「(辺野古新基地建設に反対する候補が市長になれば)日本ハムがキャンプ地としての名護から撤退する」とデマを飛ばしたのは誰だったか。19年の沖縄県知事選で、玉城デニー氏(現知事)の「大麻疑惑」を煽ったのは誰だったか。あるいは、翁長氏存命中に「翁長は中国の工作員」だとガセ情報を流したのは誰だったか。

政府与党の議員からネトウヨまで、レイシストの隊列にある者たちが、これらデマを大合唱したのである。

16年10月、高江の米軍ヘリパッド建設工事に反対する市民に向けて、大阪から派遣された機動隊員が「土人」と暴言（というよりもヘイト発言）を放つ〝事件〟が起きたことも忘れられない。

地元メディアをはじめ、全国で暴言に対する批判の声も上がるが、一方で、機動隊を擁護する向きも少なくなかった。その典型が大阪府・松井一郎知事（当時）の発言だった。

〈ネットでの映像を見ましたが、表現が不適切だとしても、大阪府警の警官が一生懸命命令に従い職務を遂行していたのがわかりました。出張ご苦労様〉

〝事件〟の翌日、松井氏は自身のツイッターにそう書き込んだ。さらに囲み取材でも「売り言葉に買い言葉」「混乱を引き起こしているのはどちらなのか」と、まるで反対派市民の側に責任を求めるように発言した。機動隊員を擁護し、差別的な暴言を容認するかのような姿勢を示したのである。

これに関係し、ほとんど報道されていないもうひとつの〝事件〟があった。

松井氏が囲み取材で機動隊員を擁護したその2日後、大阪モノレール門真《かどま》市駅の男子トイレで落書きが見つかった。個室内、便器横の壁面である。黒マジックでこう書かれていた。

〈Osaka Pref 公認　New Word　土人　エタ　ヒニン　朝賤人　シナ人〉

これらの文字は括弧で囲まれ、その横にはさらに「ポア」と記されていた。「土人」が大阪府公認の〝新語〟であり、「シナ人」などと一緒に「ポア（殺害）」すべき存在だと訴えるようにも読める。

利用者からの通報を受けた駅係員は即座にトイレを使用禁止とし、市に連絡。翌日には市人権女性政策課の担当者らが現場を確認し、市長に報告した。市の対応は迅速であったが、その詳細は市民らに知らされていない。

「文脈から判断すれば、この落書きが沖縄における機動隊員の『土人』発言に由来することは一目瞭然です」

そう憤るのは同市の戸田久和《ひさよし》市議（当時）だった。

「タイミングを考えても、落書き犯が松井発言に煽られたことは間違いない。だからこそ落書きには〝大阪府公認〟の記述があったのでしょう。実際、知事の発言は差別を公式に容認したかのように受け取られても仕方のない内容です。行政トップが差別の扇動に手を貸すとは情けない」（戸田市議）

差別に対し敏感でなければならない行政にして、これである。

もはや建前からも沖縄は見放される。

同年10月20日、参議院法務委員会で、有田芳生《よしふ》議員（当時）は大阪府警による「土人」発言に関して質問した。

政府の見解を質《ただ》すなかで、有田議員は次のように述べている。

「土人という表現。国語学者の大野晋《すすむ》さんが編纂《へんさん》をした『角川必携国語辞典』によると、土人というのは、原始時代の生活をしている人である。あるいは、そんな辞書を引くまでもなく、第一次の琉球処分、それ以前から日本の本土は、琉球、沖縄の人たちに対して琉球国王を酋長《しゅうちょう》、そこに住む人たちを土人、このように言ってきた。そういう本土と沖縄との関係のなかで、土人という差別、侮蔑した言葉というのが連綿と歴史的に、構造的に続いてきたわけです。

沖縄出身の詩人の山之口貘《ばく》さんが自分の青年時代を振り返る文章のなかで、大正12年のことですけれども、大阪で仕事を探しているときにこんな経験をした。関西のある工場の見習工募集の門前広告に『ただし朝鮮人と琉球人お断り』とあったと。ずっとこういう沖縄差別が続いている。山之口貘さんは、喫茶店で話していた沖縄から帰ってきた当時の男性の発言として、酋長の家で泡盛を飲んで、周りには土人がいたと、沖縄の人たちを土人呼ばわりをしている。大正12年ですから、いまから79年前のことです。

日本本土は沖縄をこういう植民地的な目でずっと見てきたと私は思っている」

そのうえで、有田議員は見解を問うたのだが、政府側は「不適切な発言」であるとはしたものの、「詳細は把握していない」とし、沖縄に対する歴史的・構造的差別に言及することはなかった。

「不適切」かどうかが問われているのではない。個人の警察官の問題として片づけるべきものでもない。琉球処分、人類館事件以降、日本が抱えてきた、沖縄に対する蔑視、差別がたまたまひとりの警察官の口から出たということだ。

社会のなかでどんな文脈で使われてきた言葉なのか。その歴史的背景を考えれば、明確な差別発言であることは明らかだ。社会はそこに向き合うべきなのだ。

ちなみに、「土人発言」を受けて、沖縄の新聞各紙は「人類館事件」を引き合いに出した。

同事件は1903年に開催された第5回内国勧業博覧会（大阪万博）における差別事件である。

当時、万博は近代国家を誇示するための重要なイベントだった。1851年にロンドンで初めての万博が開催されて以降、各国は競うように万博を開催した。19世紀は「万博の時代」でもあった。1867年のパリ万博には、日本からも幕府、薩摩藩、佐賀藩が初参加した。近代の波に乗り遅れるなと、日本で最初に万博が開催されたのは1877年。「万国」と銘打つほどには参加国を集める資力がなかったので、正確には内国勧業博覧会とした。

その5回目の内国勧業博覧会が1903年に大阪で開催されたのである。会場となったのが、大阪市に編入されたばかりの天王寺一帯だった。現在の天王寺駅から通天閣のある新世界までの区域である。

この博覧会を舞台に起きたのが、人類館事件だった。

博覧会場には政府が所管する農業館、林業館、工業館など12のパビリオンが出展され、海外からも18カ国がパビリオンを出した。さらに政府所管以外の民間パビリオンは「博覧会余興」と題して会場正門前に並べられた。

そのうちのひとつが「人類館」である。

これがなぜ〝事件〟と称せられるようになったのか。

それは当時の「人類館開設趣意書」を読めば一目瞭然だ。

同趣意書には大阪の有志によって企画された旨が説明されたのち、次のように記されている。

〈異種人即ち北海道アイヌ、台湾の生蕃、琉球、朝鮮、支那、印度、爪哇、等の七種の土人を傭聘し其の最も固有なる生息の階級、程度、人情、風俗、等を示すことを目的とし各国の異なる住居所の模型、装束、器具、動作、遊藝、人類、等を観覧せしむる所以なり〉

要するに――アイヌ民族、台湾先住民、沖縄人、朝鮮人、中国人、インド人、インドネシア人といった生身の人間を、「七種の土人」として展示、見世物《みせもの》にするという企画である。

当然ながら、この企画には多くの抗議が寄せられる。

なかでも沖縄の新聞は「同胞に対する侮辱」であるとして、連日、大キャンペーンを張った。

当時の沖縄紙は「沖縄人が憤慨に堪えざるの一事これあり候」「設立者の意図は野蛮風に見せるのが明らか」「虎や猿の見世物と変わらない」と怒りの筆致で埋められた。

一方、当時の沖縄知識人の一部は「日本への同化」を急ぐあまりに、この事件を〝利用〟した。

これら知識人は〝展示〟された琉球人が娼妓《しょうぎ》であったことから、「よりによって賤業婦とは」と、露骨な女性差別、職業差別を繰り返した。さらに台湾先住民などに対しても「一緒にしないでほしい」といった論調も展開している。「日本人」として認められないことへの憤怒でもあったのだ。

貶められた者が、さらに下位に位置づけた者を貶めるといった、差別の連鎖を表面化させた。日本の同化政策、他民族への差別意識といったさまざまな問題が見て取れる。

そうした点からも、人類館事件は多くの問題を提起している。

結局、沖縄側からの抗議によって「琉球人展示」は開催半ばで中止となったが、人類館は博覧会終了まで〝見世物〟を続けたのである。

各国からの非難も相次ぎ、その後の万博において、人類館のようなパビリオンは登場していない。

だが、生身の人間が〝展示〟されたという事実は消えない。

差別された側の苦痛は消えない。傷は風化することなく生き続ける。そして新たな差別が露呈するたび、瘡蓋《かさぶた》が無理やり剝がされたように、傷口から血があふれ出す。「土人」発言の主である若い機動隊員が人類館を知っていたかどうかは問題ではない。連綿と沖縄への差別と蔑視が続いていることが問題なのだ。

「本土」で感じる違和感の正体

なんだろう、この違和感は。もやもやが消えない。何かが違う――。

夫の転勤で沖縄から東京に移り住んで2年あまり。明有希子《あきら》さんの疑念はふくらむばかりだ。

関東各地でおこなわれる沖縄の基地問題をテーマとした講演会やシンポジウムに呼ばれる機会が増えた。

明さんは訴える。米軍基地に離着陸する軍用機の騒音、沖縄と「本土」の不均衡と不平等、沖縄に向けられた差別と偏見。自らの経験をもとに基地偏重の現実を理解してほしいとも呼びかける。

だが、予想もしていなかった反応に戸惑いを覚えることも少なくない。

「沖縄、大変ですね」

いや、大変さを訴えているんじゃないんだけど。喉元《のどもと》まで出かかった言葉をぐっと呑み込む。

「応援します」

嬉しいけれど、わたしひとりが頑張らなくてはいけないのか。

同情してくれる。みんな「寄り添いたい」と言ってくれる。沖縄を悪く言うわけでもない。きっと優しい人たちなんだろうなあと、できるだけ理解したいと思いながらも、やはり違和感は消えない。

ときにはこんな言葉も。

「そんなに卑屈にならないでください」

「もっとやわらかく伝えたほうが、みんな納得すると思いますよ」

えっ、基地被害を訴えることが「卑屈」になるのか。不条理を批判すると「納得」できなくなるのか。おそらく相手は貶めるためではなく、励ますための言葉だと思い込んでいるのだろう。その残酷さに無自覚なままに。

そのたびに考え込む。落ち込む。そして、沖縄と「本土」の温度差を思って悲しむ。講演を終えた帰り道、「伝わらない」もどかしさで涙が出てきたこともある。

「結局……」。苦痛に歪んだ表情で明さんは私に訴えた。

「他人事なんだと思います。あくまでも〝沖縄問題〟なのであって、自分とは遠い場所での出来事なのでしょう」

だから優しくなれるし、同情もする。自分に痛みが返ってくることのない安心感が、自らを〝優位〟な場所にとどまらせる。

かわいそうな沖縄。弱い沖縄。

苦しいですよね、つらいですよね。だから気にかけてます。頑張ってくださいーー。

そうやって優しい自分に満足する。次の長期休暇では沖縄に行ってみるか。ついでに辺野古にも寄って、座り込みの人たちを激励してこよう。きっと喜んでくれるに違いない。

「それって、優しいヘイト」

明さんはぽつりと漏らした。それが、リベラル層を含む「本土」の本音だと思ったから。

２０１７年、米軍ヘリの部品が落下した緑ヶ丘保育園（宜野湾市）に娘を通わせていた。

部品落下事件の翌日、娘と一緒に保育園に行くと、報道陣が待ち受けていた。一斉にマイクやＩＣレコーダーを向けられた。思いのたけを話した。不安であること、恐怖であること。次は機体そのものが落下してくるのではないかと想像してしまうこと。話し終えると、記者たちは生年月日を聞いてくるのが習わしだ。

少しばかり戸惑ってから、正直に答えた。

「今日です」

そう、その日が明さんにとって39歳の誕生日だったのだ。記者たちもまた、困ったような表情を浮かべた。

夕食時、家族が用意してくれたケーキを食べたが、味がほとんどしなかった。

「あんな強烈な誕生日は、後にも先にもありませんでした。空から何かが落ちてくる。その現実に打ちのめされてしまったんです。正直、娘を保育園に行かせたくないと思いました。自宅に閉じ込めておきたかった。でも、なぜ、私たちが逃げ回るようなことを考えなければならないのか。そのことも腹立たしかった」

苦痛と恐怖は事件後もしばらく続いた。バッシングの嵐に見舞われたからだ。

明さんが記者たちに不安を訴えている場面がテレビのニュースで放映された。ネット上に「不安だと言いながら化粧している」と書き込みがあった。さらに「自作自演」「そもそも基地の近くに住む者が悪い」といった誹謗中傷。

「もちろん励ましの声もありましたが、少なくともネット上では、被害者であるはずの保育園を攻撃する声ばかりが目立ちました。完全な〝敵意〟だと感じました」

被害者が被害を強く訴えると叩かれる。そうしたネット言論の渦に明さんも巻き込まれたのだ。悔しくて、怖くて、苦しくて、そして不安で、眠ることのできない日が続いた。食欲も落ちた。事件後1カ月で体重は5キロも落ちたという。

東京に来てから、そのときの経験を話している。多くの人に沖縄の現実を伝えたいと思っている。だからときおり口調も強くなる。基地問題とは、命に関わる問題だと知ってほしいからだ。

なのに——思ったように伝わらない。微妙な「すれ違い」が苦しい。

「一種のトーンポリシング（話し方の取り締まり）なのかな、とも思います。沖縄は弱い存在であり、本土に従属する立場にあるからこそ、みんな安心できるのかなあとも感じてしまうんです」

東京の空に戦闘機の影を見ることはない。その点は安心できる。娘は機影のない空を見上げて「いんちきの空だね」と言った。騒音もなければ、戦闘機が落ちてくる心配もほとんどない。

だが、もしかしたら「いんちき」なのはその通りなのかもしれないとも感じた。東京の空で爆音が響かないのは、沖縄にそれを押し付けているからではないのか。見せかけの平和は、沖縄を犠牲にすることで成り立っている。

明さんの話を聞きながら、ふと思い出したことがある。

「土人発言」事件の直後のことだ。

事件当日、私は沖縄にいた。

あるテレビ局から生中継で私のコメントを取りたいと連絡があったので、それを快諾した。

夜、私はホテルの部屋で電話取材に応じた。構造的差別に言及し、琉球処分や人類館事件についても触れた。

　すると、東京のスタジオから意外な言葉が返ってきた。

「ちょっと違うような気もするんですよね」

　番組を仕切るキャスターは続けてこう言った。

「いま、沖縄に対する差別ってありますかねえ。みんな沖縄の海が大好きだし、音楽や食事も好きじゃないですか」

　啞然として私はなかなか言葉をつなぐことができなかった。

　海や音楽が好きであることは、差別がないことを担保するものではない。むしろ、表層的な沖縄しか知らないのではないか。

差別がないと言い切るのであれば、たとえば、なぜに米軍専用施設の7割が、国土の0・6％しかない沖縄に集中していることに無関心であるのか。沖縄であれば、基地を置いてもよいのか。沖縄だから許されるのか。

　沖縄の民意が発しているのは、常にシンプルな問いかけだ。

「沖縄に基地は多すぎませんか？」

　何十年間も、この問いかけを投げては無視されてきた。いや、それどころか「本土」は自らが抱えた米軍基地を沖縄に追いやってきたのではなかったか。

　富士や岐阜にあった米軍の海兵隊基地は住民の反対運動によって撤去された。しかし、日本から消え去ったわけではない。これらはすべて沖縄に移されただけなのである。そして、沖縄ではどれだけ基地反対運動を続けても、基地が動くことはない。

これが差別といわずに何だというのか。

第2次大戦で沖縄が戦場となったとき。日本軍が沖縄住民をスパイ視して虐殺した事例は、「本土」の人間は忘れても、沖縄ではいまでも語り継がれている。

「沖縄を下位に置くことで、本土の優越意識が保たれているんじゃないですか」

私が取材した関西沖縄文庫（大阪市）の金城馨《かおる》氏（沖縄県出身）は、突き放すように言った。

「土人発言も、日本人の意識の問題ですよ。日本人がずっと持ってきた、沖縄へのまなざしが具体化されただけ」

そのうえで、こう続けるのである。

「人類館はまだ終わっていないと思いますよ。一部では盛大に〝開催中〟なんじゃないですか」

人類館事件が起きた1903年は、日清戦争から8年、日露戦争開戦の前年という時期である。軍事的な膨張主義が日本に蔓延《まんえん》していた。博覧会も国力誇示を目的とした政府の威信をかけた事業だった。

当時と今日の空気感が二重写しに見えないだろうか。

2015年にスイス・ジュネーブで国連欧州本部の人権理事会を取材した際、同地で会った琉球新報の潮平芳和《しおひらよしかず》編集局長（当時）は、次のように私に向けて話している。「排外主義は軍事的膨張とリンクする。人間の営みを無視した差別や優越意識が、戦争への扉を開くような気がする」

実際、沖縄差別は各所であふれているではないか。

「沖縄差別などない」と言い張る者は、では、2010年にケビン・メア米国務省日本部長（当時）が「沖縄はごまかし、ゆすりの名人」と発言した際、本気で怒っただろうか。

週刊誌が「沖縄は〝捨て石にされた〟と恨み言をいう。被害者意識は朝鮮よりひどい」と記事に書いたとき、憤りを感じたであろうか。

「他人事」という明さんの言葉は、「本土」で安穏と暮らす私にも突き刺さる。

一方、自称「愛国者」たちは沖縄の危機を訴える。外国勢力に乗っ取られると警鐘を鳴らす。侵略に備えて軍備を増強しろと叫ぶ。

本当にそうなのか。危機にあるのは安全保障ではなく、沖縄の主権と人権ではないのか。

第6章

作られる「中国脅威論」

「沖縄は中国に侵略されつつある」

那覇市役所前の路上に怒声が響く。

「皆さん、シナ（※中国に対する蔑称）がどんな国なのか知っていますか！」

拡声器を使って街頭宣伝をしているのは、沖縄を拠点に排外主義活動をおこなっているヘイト集団だった。

2018年のことである。今でこそ地元の人々の熱心な反ヘイト活動によって、この場所から追い出すことができているが、当時、集団は「反中国・朝鮮」「中国人排斥」を訴えるヘイト街宣を繰り返していた。彼らは「観光客に工作員がまぎれている」などと声を張り上げ、ときに通りすがりの外国人観光客にも「出て行け」と罵声を飛ばしていた。観光立県・沖縄の面汚しともいうべき、醜悪な光景が展開されていたのである。

この日も市役所前はヘイトな空気に満ちていた。

「沖縄は日本でしょ！」と記された幟《のぼり》を背にして、ヘイト集団はひたすら差別と偏見、そして憎悪を周囲にまき散らしていた。

私は「本土」からの移住者であるリーダー格の男性に取材を求めたが、彼は目を合わせることすら拒んだ。

「あなたとは話したくない。話しかけるな」

ならば、ほかのメンバーに声をかけようとするも、リーダーがすかさず注意を促す。

「安田とは一切のコミュニケーションを取らないように。名刺をもらってもダメ」

こうした連中を取材すれば、このような反応は珍しくない。

仕方なく、下劣な街宣に耳を傾けた。

「シナに対してはアメとムチなんて通用しない。ゲンコツだけでいい！」

「中国人観光客に油断しちゃいけない。シナ共産党の命令で一斉に立ち上がって県庁を襲撃する」

「沖縄は日本でしょ!」との幟を掲げ、憎悪をまき散らしていた

稚拙《ちせつ》な妄想に基づいた中国脅威論だ。

今世紀に入ってから「嫌韓・反中」の言説が勢いを増してきたが、地理的に中国とも近い沖縄では、「嫌韓」以上に「反中」が猛威をふるっている。

・沖縄は中国に侵略されつつある
・いや、すでに支配下にある

・沖縄を訪れる観光客は中国の工作員
・反米軍基地運動を指揮しているのは中国

こうした文言がネットで流布されているばかりか、前述したような街宣が繰り返される。もちろん〝発生源〟が沖縄とは限らない。ネット上では沖縄への偏見を露わにした〝本土発〟と思われる書き込みが多い。

同年8月におこなわれた県知事選でも、玉城デニー氏（現知事）に対して、すさまじいネガティブ攻撃が加えられたが、その多くが〝中国がらみ〟だった。

選挙期間中には「デニーの背後には習近平がいる」といった言葉がネット上にあふれ、当選後も「これで沖縄は中国に侵略される」といった文言が流布されている。

デニー氏が知事就任後、直ちに中国が攻めてくるといったウワサも散見されたが、知事2期目を過ぎたいまも、沖縄ではそうした予兆すら見ることはできない。

だが、ネット上の陰謀論はなんら訂正されることなく現在も垂れ流されたままとなり、多くの人々の目にさらされ続ける。

ちなみにこの年、県内主要都市では、中国の脅威を煽ったDVDが各戸のポストに投函《とうかん》された。

中国政府によるチベット弾圧などの映像を交えながら、地元の女性保守活動家・我那覇真子氏が「中国の侵略のターゲットは沖縄です」と訴える内容だ。

「翁長（雄志）さんが辺野古の新基地建設に反対の意思を示して以来、保守派やヘイト集団が運動を活発化させてきた」

そう話すのは地元記者だ。

「そのあたりから、『翁長さんが中国にコントロールされている』といった話が、まことしやかに流れるようになりました。日本政府と対立しているから親中に違いないという単純な話ですが、単純であるからこそ、一定のインパクトをもって広まったように思います」

いや、実際は「親中」どころか反日、非国民といったレッテルが翁長氏に向けられた。ネット上では中国の傀儡《かいらい》といった批判も少なくなかった。「沖縄は、すでに中国に侵略されているも同然」といった言説はここから生まれた。

もちろん、沖縄県外の人々にとっては「ネタ」として消費されるだけだ。

だが、沖縄では一部の人に深刻な不安を与えたのだった。

栄町市場の飲み屋街で知り合った地元の大学生（20）は、私にこう伝えた。

「『いずれ中国が本格的に沖縄に攻め込んでくる』という話は、僕の周囲では当たり前のように語られていますよ。基地反対運動の背後に中国人がいるという話も、少なくとも僕の友人のほとんどは信じているんじゃないかなあ」

まずいなあ、このままでは沖縄がデマで汚染されちゃうよ——沖縄で荒れ狂う中国脅威論に危機感を持ったのは、地元では「モバイルプリンス」の愛称で知られる島袋昂《こう》さんだった。地域のＦＭ局や学校などでネットリテラシーの啓発活動を続けている。

もともと政治には関心が薄いという島袋さんが、流布される中国脅威論を「ヤバイ」と思うようになったのは２０１５年頃だった。

「当時、知事だった翁長さんの娘さんが中国高官の子どもと結婚した——といった噂が広まりました。僕の周りでは、真顔で『だから翁長知事は親中なんだ』と話す人も少なくありませんでした。ところが、翁長さんが即座にそれを否定。娘さんはそもそも中国に行ったこともないのだと断言しました。ですが、若者の多くは新聞も読まなければテレビのニュースも見ない。ネットのまとめサイトだけで世間を判断してしまうことが少なくありません。けっして少なくない人が、そのデマを信じてしまったのです」

デマは収束することなく、いまでも県内の一部で強く信じられているばかりか、「中国による沖縄侵略の理由」として、もっともらしく語る向きも少なくない。

そして冷たい視線は、沖縄を訪れる中国人観光客にも向けられるようになった。

島袋さんの記憶に強く残っているのは、17年の出来事だ。

県内で「教育委員会からの情報」だとするネットの書き込みが広まった。路上で中国人が麻酔薬を染み込ませた海産物を押し売りし、それを食べて意識を失った人が続出、そのなかには臓器を抜き取られた人もいる——といった内容である。

事実であれば間違いなく警察も動いただろうし、報道されないほうがおかしい。しかし、報道されないのは地元新聞社が「中国に配慮したからだ」といった情報も、ほぼ同時期に出回った。

「あまりにもバカバカしいと当初は放置していたのですが、僕の周りでも信じる人が現れた。中国人に対する嫌悪や憎悪を口にする人もいた。こうしたウラのとれないフェイク・ニュースがネットに広がっていくことで、沖縄で中国人への偏見が広まっていく現実に恐怖を感じたんです。結局、この話も中国人観光客の武装蜂起といった話に発展していきます」

沖縄の主要産業は、何といっても観光である。コロナ禍の前まで外国人観光客の多数を占めていたのは中国人だった。

「憎悪や偏見が広がってしまえば、沖縄を好きになってくれるかもしれない観光客に、もしかしたら危害が加えられてしまう可能性だって否定できません」

実際、前述したヘイト団体は、街宣中にたまたま目の前を通りかかった中国人観光客に「出て行け！」と怒鳴りながら執拗に追いかけまわすことも少なくない。

島袋さんは地元新聞社で連載しているコラムで「海産物」デマを否定し、さらにネットでも「デマ情報に踊らされないように」と呼びかけた。

「しかし、想像以上にデマを交えた中国脅威論は浸透しているかもしれない」

そう渋い表情を見せるのは沖縄国際大学教授（政治学）の佐藤学さんだった。

あるとき、学生の一人が訊ねてきた。

「先生、『中国人観光客が一斉に武装蜂起するかもしれない』とメールが回ってきたのですが、本当でしょうか」

佐藤さんは開いた口がふさがらなかったという。

「街中でゴミが落ちていれば中国人のせいだと言う学生もいる。中国人観光客など来ないような場所に落ちていたゴミですら中国人のせいにするのですから、相当に強い偏見がある。一部の学生は、沖縄の現在の貧困問題すらも、親中派の知事によって引き起こされたのだと信じている。少し調べればわかる通り、復帰後、沖縄では（通算で）28年間、保守系の人物が知事を務めています。要するに何でもかんでも中国のせいにしておこうという回路が存在してしまっているようです」

中国から「工作資金」？

さらにおぞましい話がある。

「中国が琉球を乗っ取ったら、あなたの娘さんは中国人の慰《なぐさ》み者になります。それを考えて記事を書いてください」

作家の百田尚樹氏から名指しでそう言われた経験を持つのは、地元紙「沖縄タイムス」の阿部岳《たかし》記者だ。2017年10月のことである。地元保守系団体の主催で、百田氏の講演会が名護市でおこなわれた。

日頃から基地問題で鋭く政府を批判してきた阿部さんは、ヘイトスピーチなど差別問題にも厳しく向き合っている。

この日、取材のために講演会場を訪れた。担当者によって案内されたのは最前列、真ん中の席だったという。

百田氏や主催者は講演のなかで、「(基地反対運動の現場には)中国からも韓国からも来ています。嫌やなー、怖いなー」などと、反対運動参加者のなかに外国人がいるのだと指摘。さらに、目の前に座る阿部さんの名前を22回挙げ、沖縄のメディア批判を繰り返した。

阿部さんがそのときを振り返る。

「批判はいくらされても構いません。ですが、私が違和感を抱えざるを得なかったのは『慰み者』発言の後に、会場から一斉に拍手が沸いたことです。600人収容の会場は満員でした。その場では思わず笑ってしまったけれど、後になって、こうした言葉が賛同を受ける空気感に、ある種の怖さを感じました」

ちなみに基地建設反対運動に中国人が参加している、資金を出しているという話も、一部では強く信じられている。

反対運動の現場の取材を続けている阿部さんは、そうした噂を即座に否定した。

「少なくとも、私は現場で中国人の姿を一度も見かけたことがありません」

辺野古新基地建設反対運動の現場で座り込みを続ける泰真実さんも、呆れた表情で話す。

「どこの国籍の方であろうが、運動の現場にはどんどん来てほしいと思っています。でも、実際は地元の人ばかりですよ。中国人活動家など見かけたことはない。一部では（参加者のうち）在日コリアンが2割以上などというデマも流布されているが、それもまったくのデタラメ。外国人で目立つのは、米国から来た反戦運動家など、欧米圏の人ではないでしょうか」

そもそも、こうしたウワサ話にはエビデンスがない。

たとえば「中国からの工作資金が流れている」とネット上でも噂される辺野古基金（辺野古新基地建設反対運動を支援する団体）の事務局では次のように話す。

「工作資金が流れているといった噂話は知っています。ごくたまに海外在住の方から寄付の申し出がありますが、マネーロンダリングを防止するため、国境を越えるお金の移動は想像以上に煩雑なんです。それが面倒で、結局、寄付を断念してしまう方もいます。仮に多額の工作資金の申し出があったとして、それをどうやって受け取ったらよいのか想像もつきません」（事務局）

ちなみに同基金がこれまで（取材時まで）に受け付けた寄付の総額は約6億7900万円。事務局によればほとんどが個人からの小口寄付で、ネット上で決算報告もおこなわれている。

「たまに同様の問い合わせがありますが、この場合、どう答えたらよいのか私たちもよくわからない。何とかなりませんかねえ」

担当者は困惑した口調でそう訴えるのであった。

では、こうした中国脅威論を、沖縄に住んでいる当の中国人はどう思っているのか。

「はあ……なんと言ったらよいのか、脱力するしかありません」

そう答えるのは県内の中国系旅行会社に勤める30代の中国人男性だ。仮に陳さんとしておく。会社では、中国人観光客のガイドを担当している。

「沖縄のことが大好きな中国人は多いです。何より、大陸から近い。上海から90分で行くことができますからね。それに、中国では見ることのできない美しい海がある。団体旅行で沖縄を訪ねてその魅力にはまり、その後、個人旅行で再訪する人も急増しています。侵略？　そんな目的を持っていたら旅行を楽しむことができません」

陳さんによれば、中国人観光客の「武装蜂起」など、誇大妄想もいいところだという。

「仮に武装蜂起して沖縄が中国になってしまったら、中国人は沖縄への興味をなくしてしまいますよ。いま沖縄に来ている中国人の多くは、中国の観光地なんて興味ないし。誰もそんなところに行きたくない。楽しくないよ、中国の沖縄なんて（笑）」

基地反対運動に興味を示す観光客も、ほとんど存在しないと断言する。

「遊びに来ているのに政治のこと考える人、いますかねえ。真剣に反対運動している方々には申し訳ないのだけれど、中国人はむしろ、米軍基地に興味津々です。だって、そんなもの見たことないから。ですから、反対運動の現場に行きたいという人はいませんが、米軍基地がよく見える場所に連れて行ってくれという人は多いです」

そんなときに陳さんが中国人観光客を案内するのが、米軍嘉手納基地に隣接する「道の駅」だ。ここでは屋上の展望台から嘉手納基地の滑走路を一望することができる。

「離着陸する戦闘機を見ては、家族連れが『かっこいい』とはしゃいでいますね。反日とか反米とか、そんなこと口にする人はいません」

陳さんは四川省出身で、琉球大学に留学。住み心地がよいことから卒業後も沖縄に残り、旅行会社に就職した。このまま沖縄での生活を続けるために、日本国籍を取得することも考えているという。

「ここは豊かな島ですよ。美しい観光資源は山ほどあるし、食べ物もおいしい。僕は政治のことはよくわからないけど、中国政府が沖縄を狙っているなどという話は聞いたこともない。そもそも僕はケンタッキー・フライド・チキンを食べて、米国映画を観て育った世代ですから、米国に対する反発もなければ、こうして沖縄に住んでいる以上、日本への反発もない。沖縄に住んでいる中国人だろうが、観光客であろうが、望んでいるのは沖縄が平和であり続けることです。だから中国側も尖閣《せんかく》に対しては余計なことをして緊張を高めないでほしいと思っています。ここでビジネスしている中国人にとって、政治的な不安定が一番困るのですから」

おそらくはそうなのだろう。日中の政治的緊張で割を食うのは、いつだって互いの国に居住する人々だ。実際、陳さんが勤める旅行会社も、中国人観光客だけに依存するのは、何かが起こった場合（たとえば、沖縄で中国人観光客が被害を受けたりするような場合）にリスクがあるとして、南米やヨーロッパにもセールスをかけるようになったという。

それでも中国脅威論は、当の中国人を素通りして、いまだ猛威を緩めない。

さらに、脅威論はデマをまとって多くの人を巻き込んでいく。奇想天外なヨタ話が、不要な憎悪と差別、偏見につながっていく。

たとえば――憎悪のターゲットとされたもののひとつが、「龍柱《りゅうちゅう》」である。

ウワサ話が暴走するとき

沖縄の海の玄関口といえば、那覇市の若狭地区だ。すぐ近くの港には大型クルーズ船が停泊する客船ターミナルがあり、下船した外国人観光客が歩く姿を見かける機会も少なくない。

上陸した観光客を迎えるのは、道路を挟んで立つ2本の龍柱（龍を形どった柱）だ。高さ約15メートル、幅は約3メートル。とぐろを巻き、鎌首を持ち上げたデザインは、間近で見上げれば圧倒的な迫力が伝わってくる。玄関口にふさわしい巨大なモニユメントだ。

この「龍柱」が完成したのは２０１５年12月。故・翁長雄志前知事が那覇市長だった時代に計画したものである。

事業主体の市は次のように説明する。

「中国・福州市との友好都市締結の30周年記念事業として建てられました。龍柱の立つ若狭は客船ターミナルの目の前であり、しかも空港から市中心部へと向かう那覇西道路にも面しています。玄関口ということを考えれば、これ以上の場所はありません」（都市みらい部・花とみどり課）

近くの公園でグラウンドゴルフを楽しんでいた老人も、私の取材に「那覇の新しいシンボル」だと胸を張って答えた。

「クルーズ船が到着するたびに、観光客が龍柱を見上げては写真を撮っています。もう少し宣伝してくれれば観光名所として定着するかもしれない」

足元ではそんな期待もあるのだが、実は必ずしも市民みなに受け入れられているわけでもないようだ。

「どれほどの観光効果があるのかは知らないが、億単位の税金を投入してまでつくるべきものだったのか」

そうした「税の無駄遣い」を指摘する声も少なくない。

たとえば、2018年におこなわれた那覇市長選で、城間《しろま》幹子市長（当時）に挑んだ対抗陣営が配布したチラシである。

〈私たちの税金3億3000万円で龍の石柱をつくってしまった……〉と記された文字の下では、うなだれた市民のイラストが添えられている。

地元記者が解説する。

「当初の計画よりも予算が大幅に増えてしまったのです。最初は龍も1体だけでしたが、門としてふさわしくするため2体に変更。さらに工事も遅れたため、当て込んでいた国の一括交付金の一部が受け取れなくなりました。当初こそ市の負担は5千万円程度と見込まれていましたが、結果として市は総額約3億3千万円のうち、約2億2千万円を負担しなければならなくなりました」

こうした経緯もあり、同年の市長選においては、翁長県政と連携してきた城間氏に対し、「無駄遣いの責任を取れ」とばかりの批判や攻撃が加えられたのであった。

だが、「龍柱」批判の本質は、けっして「無駄遣い批判」だけではない。やはり、一部の者たちによって、ここぞとばかりに中国脅威論が結びつけられたのである。

そう、お定まりの「中国脅威論」がここでも顔をのぞかせる。

「龍柱」は中国の属国であることを意味している――そうしたウワサ話がネット上にあふれたのだ。

というのも、この「龍柱」計画が、習近平氏の中国共産党総書記就任とほぼ同時期に打ち出されたため、翁長氏から習氏に向けた「就任祝い」ではないかと一部の人々から勘繰《かんぐ》られたのである。

「龍柱」計画が持ち上がってからは、中国絡みの批判が飛び交った。

那覇市若狭で観光客を迎える「龍柱」

・中国への服従を示すシンボル像
・「龍柱」の頭が海の方角を向いているのは、中国海軍を招き入れるため

こうした文言はネットの書き込みだけでなく、地元の右翼や保守系団体も〝県政・市政攻撃〟の材料として用いた。

「沖縄のシンボルであるならば、シーサーにすべきだ。あえて龍としたのは中国を意識したからに違いない」

いまでも、そう批判する向きは少なくない。

龍の爪の数を問題視する者も多かった。というのも、中国では龍の爪が5本であるのに対し、龍柱は4本爪だ。5本爪は中国のみで使われ、かつて属国の立場とされた周辺諸国は4本爪を用いてきたというのが通説だ。よって、今回の「龍柱」も、「中国の属国を表したもの」だとする〝見解〟が広まっている。

前出の市の担当者によれば、建設中から電話やメールによる抗議が相次いだのはもちろんのこと、工事現場での抗議活動も繰り返されたという。

16年には「龍柱」の下部に黒ペンキで「おながばいこくど」と落書きした男性が器物破損の容疑で逮捕された。

ちなみに「龍柱」と中国の脅威を結びつけたものとしてわかりやすいのは、宗教団体・幸福の科学を母体とする政治団体、幸福実現党が作成した小冊子である。これは沖縄県内でもかなりの広範囲で配布されたものだ。

〈謎の「龍柱」の建設計画「中国属国のシンボルか⁉」〉

このようなタイトルが付けられた小冊子には、中国による沖縄侵略を描いた漫画が掲載されている。

あるとき、ついに中国人民解放軍が沖縄本島に上陸した。中国軍人たちが小銃を掲げて叫ぶ。

「目印の龍柱が見えたぞ！　全軍後へ続け！」

中国軍は若狭の龍柱の間を通って県庁に向けて進軍する。

軍人たちは県庁の知事執務室に突入。さらに那覇市内に潜んでいた民兵（観光客をイメージした絵柄となっている）も、県内マスコミの社屋を制圧する――といったストーリーだ。

この漫画において「龍柱」は侵攻作戦の目印として描かれる。「龍柱」が中国軍を手引きする役割を担う。

本当に「龍柱」にはそのような意味が込められているのか。しかも、わざわざそれを沖縄側がつくるものなのか。

馬鹿馬鹿しいと思いながら市の担当者に訊ねてみたが、「そんな意図があるわけない」と全否定。

当然だろう。そもそも沖縄では「龍柱」はけっして珍しい存在ではないのだ。

たとえば、空港と那覇市内を結ぶ国道58号、国場《こくば》川にかかる明治橋の欄干《らんかん》にデザインされているのは龍柱である。橋の両端にそれぞれ向き合うような形で建てられている。

県庁舎の裏側に足を運べば、そこでも一対の「龍柱」を見ることができる。

その隣、なんと県警本部の正面玄関前にも「龍柱」が置かれていた。「侵略の手引き」を治安機関が玄関前に鎮座させるであろうか。

それだけではない。国際通りの菓子店前にも、あるいは米軍の敷地内にまで「龍柱」が置かれている。まさに沖縄は「龍柱」であふれているのだ。

「龍というのは、かつては権力の象徴のように思われていました。中国から伝わったのは事実でしょうが、沖縄でも神聖な存在として琉球国の時代から定着しています」

そう説明するのは首里城公園を管理する沖縄美《ちゅ》ら海《うみ》財団の学芸員だ。実は、首里城には33体もの「龍柱」が存在する。

「1768年に記された首里城の設計仕様書ともいうべき『寸法記』にも、正殿に置かれた龍柱の絵がしっかり記録されています。これだけの歴史を持つのですから、龍柱は沖縄の文化と言ってもよいでしょう」

正殿前に、あるいは王座に。城内、いたるところで「龍柱」が荘厳な姿を見せている。

そう、「龍柱」はシーサーと並んで、紛《まご》うことなき沖縄の文化なのだ。

中国の影響を受けているから許せない、とするのであれば、漢字や仏教だって排斥せざるを得なくなる。県内各所、一般の民家に守り神として置かれているシーサーもそうだろう。シーサーは古代オリエントから伝わった獅子が源流とされているが、これも東方世界への服従とでも言うのだろうか。

ちなみに、「龍柱」に関わる費用を無駄遣いだと批判するのは十分に理解できる。

だが、これを中国脅威論と結びつけるのは、どう考えても、こじつけだ。そもそも沖縄文化として定着している「龍柱」を侵略のシンボルと考えるのは、沖縄への理解が乏しい証拠でもある。

実は、「龍柱」を中国脅威論と絡めて煽ったのは、県外の人間ではないかという〝疑惑〟がある。前述した小冊子も東京の幸福実現党本部が制作したものだ。

前出、沖縄国際大学教授の佐藤学さんも言う。

「税の使い道という観点から言えば、龍柱建設はあまり褒められたものではないと思います。観光名所にしたいというのであれば、それこそ龍の口から火を噴かせるくらいのことをすればいい。でも、本当の問題は、そんなことまでをも中国脅威論の根拠としてしまう日本社会の空気感ですよ。生活行事にしろ、食べ物にしろ、中国の影響を受けたものなど挙げたらきりがない。結局、中国の侵略から守ってくれるのは米軍基地しかないという結論を導き出すために、こうしたデマが流布されているとしか思えません」

若狭の「龍柱」のデザインを担当したのは、沖縄美術界の大家として知られる琉球大学名誉教授の西村貞雄さんだ。

私は西村さんのアトリエを訪ねた。

大小さまざまな「龍柱」作品に埋もれたアトリエで、西村さんは複雑な表情を見せていた。

「私も『中国の手先』などと直接に面罵されたこともあります。一部で龍柱の意味がまったく理解されていないのが本当に残念でなりません」

西村さんは大きなため息を漏らす。

「沖縄の龍柱は、沖縄のものですよ。だいたい、中国各地に存在する龍柱とは形状からして違います」

中国特有の「龍柱」は、那覇市内の中国式庭園「福州園」に足を運べば目にすることができる。

中国式「龍柱」は、龍が柱に巻きついた形状となっているのに対し、沖縄の「龍柱」は、龍の胴体そのものが柱となっている。そう、デザイン的にはまったくの別物なのだ。

「私はアジア各国を回って龍柱を見てきましたが、中国の影響を受けつつも、それぞれの国がそれぞれの龍柱を持っている。爪の数にしても同様です。属国の龍柱は5本爪であってはならないというのが通説ですが、私から言わせれば、これも怪しい。モンゴルには3本爪、4本爪、5本爪の三種の龍柱がありましたし、韓国には6本爪の龍柱がありました。私が若狭の龍柱を4本爪にしたのは、単に沖縄の伝統的な龍柱が4本爪だったからに過ぎません。歴史どおりに、伝統に基づいてデザインしただけです。そこには中国への忠誠だの、そんな意図が含まれているはずがない。仮に批判を受け入れて5本爪にしたら、それは歴史を無視した、きわめて政治的なデザインとなってしまうではないですか。そんなことしたくはない」

西村さんによれば、若狭の龍柱には、沖縄の歴史と未来への思いが込められているという。

「龍柱」について説明する西村貞雄・琉球大名誉教授

「一対の龍は向き合っているのではなく、海の方角を向いています。つまり、尾の部分は首里城までつながっているという想定です」

西村さんは、これを「龍脈」と呼んでいる。

龍のからだは首里城から国際通りの地中をくぐり、海岸線で地中から垂直に飛び出る、といったイメージだ。首里城は沖縄の源流であり、国際通りは戦後復興の象徴である。そして若狭の港は外に開ける海の玄関だ。

つまり、この「龍脈」は沖縄の歴史を意味する展開軸、導線なのだ。

「龍の頭が海を向いているのは、その先の未来を見ているからなのです。水平線の先にあるニライカナイ（理想郷）ですよ」

「龍脈」は過去と未来を結ぶ。中国とも侵略とも関係ない。龍の目玉はニライカナイの海を望む。

沖縄在住中国出身者の思い

デマを批判する人たちのなかには、意外な人もいた。

「沖縄が中国に乗っ取られる？　現実的な話じゃないね。それは即《すなわ》ち、戦争ってことだ。あり得ないですよ」

私にそう答えたのは、石垣市議の仲間均《ひとし》さんだった。

仲間さんは沖縄でも有数の〝右翼市議〟と呼ばれることが多い。

強硬な「反中国」姿勢で知られ、特に尖閣諸島への思い入れは強い。

「尖閣だけは絶対に守る」。そう断言する仲間さんは、これまで尖閣に上陸すること16回。そのたびに海上保安庁に捕まり、これまで13回も書類送検された。

元空手家という風貌も相まって、コワモテ右翼を感じさせるには十分な雰囲気を持つのだが、そんな仲間さんですら、昨今の差別的な中国脅威論には懐疑的だ。

「結局、中国人に対する差別が根底にあるようにも思う。私は日本の領土である尖閣を脅かす中国という国家、軍に対してはこれからも強硬派であり続けるが、中国人に対しては敵意などありません。沖縄は琉球の時代から中国文化の影響を受けてきました。それは否定すべきことじゃないですよ」

流布されている現実味を持たない中国脅威論はただの偏見であり、「それだけは許容してはいけない」のだと仲間さんは何度も繰り返した。

「中国脅威論は常に基地問題とセットになって語られる」と指摘するのは、沖縄在住のジャーナリスト、屋良朝博《ともひろ》さん（その後、衆院議員も経験）だ。

「その手の話を煽っている人々は〝怖い中国〟を強調し、だから米軍基地が必要なのだと訴える。具体的には辺野古問題を政府の思惑どおりに進めるために、持ち出されているに過ぎないと思いますよ」

中国脅威論を扇動することで、辺野古の新基地建設が正当化される。つまり、脅威は沖縄県民のなかから生まれたものではなく、常に「本土」の側から吹き込まれるという構図だ。

確かに、沖縄で中国脅威論が猛威をふるうようになったのは、辺野古での新基地建設が決まってからである。そして沖縄の民意はこれまでの知事選や県民投票の結果からも明らかなとおり、常に政府決定に「ノー」の決断を下してきた。

そもそも新基地建設が辺野古でなくてはならない理由を政府が明確に示していない。「移設先となる本土の理解を得られない」というのが、政府が繰り返してきた見解だ。中国脅威論や地理的優位性が、それを補強する。

「結局、戦場としての沖縄を必要としているのが本土の政治家なのではないでしょうか。地理的優位性を訴え、沖縄を犠牲にすることしか考えていない。考えてもみてください。こんな小さな島が戦場になったら、沖縄はおしまいですよ。ハードパワーで沖縄を守ることなんてできるわけがない」

その日、屋良さんと会ったのは、沖縄最大のショッピングモール「ライカム」（北《きた》中城村《なかぐすく》）のなかにあるカフェだった。

「ライカム」とは、かつてこの場所にあった琉球米軍司令部（Ryukyu Command headquarters）の通称である。

「周囲を見てくださいよ。ここでは米軍人も、中国人観光客も、そして地元の人も、何の争いもすることなく買い物を楽しんでいる。これが沖縄のダイナミズムだと思いますよ」

その「ダイナミズム」をさらに感じさせたのは、中城村の県営団地だった。

ちょうど地域の秋祭りが開かれていた。

「カレーライスおいしいよ。あ、沖縄そばもあるからね」

手作りの屋台が並ぶ公園で、集まった子どもたちに声をかけて回っていたのは中国・北京出身の張世険峰《はりせけんほう》さん（49）だ。

張世さんは団地の自治会役員を務めている。

「お祭りはいいですね。こうして地域の人が交流できる貴重な機会ですよ」

お年寄りの手を引き、子どもたちにカレーをふるまい、会場警備もおこなう。とにかく忙しい。

張世さんが留学生として沖縄に来たのは1993年だ。学生時代に地元の日本人女性と結婚し、そのまま沖縄に居を定めた。いまは国籍も日本に変えて、旅行代理店を経営している。

張世さんにとって沖縄は誇りだ。

「美しい自然。独特の文化。これを世界中の人に紹介したくて旅行業に就いているんです」

そんな張世さんも、中国に対する風当たりが強くなっていることは十分に理解している。地域に溶け込んだ自分のことを「工作員」だと指摘するネットの書き込みも目にしたことがある。

「バカバカしいから反論もしません。中国でも、日本の脅威を煽る者はいます。どこも同じ。ですから、私がどう見られているかということよりも、私が地域のなかでどう生きているか、という問題のほうが重要です」

２０１８年９月におこなわれた中城村議選に張世さんは出馬した。中国出身者が村議選に挑んだのは県内でも初めてのことである。

「選挙カーも持っていないから辻説法を繰り返したんです。観光振興などを訴えました」

結果は次点で落選。それでも、予想以上の支持が集まったことに驚いている。

「日本国籍を持っているとはいえ、私はまだ外国人だとみられることも多い。それでも、地域を愛する気持ちは誰にも負けていないつもりです。たぶん、またチャレンジすると思う。それは中国のためじゃない。この村のために尽くしたいと思っているからです。それに、もしも私が議員になることができたら、中国に対しても議会制民主主義のすばらしさを伝えることができるじゃないですか」

月明かりの下、エイサーの太鼓が響く。張世さんも肩を揺らし、足でリズムをとる。中国人であり、日本人であり、そして張世さんは沖縄人でもある。全身にアジアのダイナミズムが刻印されている。

そう、沖縄も同じだ。生きるために、島の豊かさを守るために、近隣諸国と独自の外交を続け、文化の交流を重ねてきた。

「知る。理解する。それだけでいい。それをしなくなったとき、偏見の壁ができる」

張世さんはそう強調した。

人々が踊る。指笛が鳴る。沖縄は今日も躍動している。

中国脅威論は沖縄の停滞を招くだけではないのか。そこに差別と偏見が加えられれば、地域をも殺す。沖縄のリズムに私のからだも揺れながら、そう思わざるを得なかった。

第7章 書き換えられていく事実

元自民幹事長が通い続ける理由

なぜ毎年、沖縄に足を運ぶのか――。

元自民党幹事長の古賀誠さんに訊ねたら、意外な言葉が返ってきた。

「怖いからです」

真意をつかみ損ねて戸惑う私に、古賀さんはこう続けた。

「戦争を忘れてしまうのが怖いんです。いまの平和が戦争の犠牲の上に成り立っていることを忘れてしまうのが怖い。だから沖縄に行くんです」

その「怖さ」は自身に向けられたものだった。

古賀さんは父親の顔を覚えていない。父親は古賀さんが2歳のときに出征した。第2次大戦中、1944年のマリアナ海戦で日本軍は大敗北を喫した。これによってサイパン、テニアン、グアムが米軍に奪われ、同時期、古賀さんの父親はフィリピンのレイテ島で戦死している。

「ここで戦争を終わらせるべきだった」と古賀さんは言う。しかし、政権も軍部も「本土決戦」を主張し、さらに戦争を続けた。

そのことによって沖縄では県民の4人に1人が命を落とす地上戦がおこなわれ、広島と長崎でも原爆によって大勢の命が奪われた。

「勇ましいことが、威勢のよさが、強気であることが、人を救うわけではありません。日本は戦争でそれを学んだはずです。失敗を繰り返さない、忘れない、そのことを犠牲となった方々の前で誓うためにも、慰霊の日（6月23日）には欠かさず沖縄を訪ね、手を合わせるんです」

古賀さんの静かな口調から伝わってくるのは、嬉々として〝愛国〟の道を走る、「勇ましい」政府・自民党への危惧と懐疑だった。

元自民党幹事長の古賀誠さん

そして、終戦時の記憶を振り返る。

自宅に白木の箱が届いたのは終戦から間もない時期だった。なかには父親がフィリピン・レイテ島で戦死したことを伝える紙片だけが入っていた。空っぽの箱。それが父親を連想させる幼少期の唯一の記憶となった。

古賀さんが初めてレイテ島を訪ねたのは2003年だ。それまで足を運ばなかったのは「顔も知らない父親の魂に、どのように声をかけてよいのかわからなかったから」だという。ためらっていた古賀さんの背中を押したのは、やはり幹事長経験者で盟友の野中広務《ひろむ》さんだった。

「肉親の慰霊に出かけたことがないとは、実にけしからん」

そう叱られたことで、重たい腰を上げた。

ジャングルのなかを分け入り、保護者よろしくついてきた野中さんと一緒に、父親の部隊が全滅した場所までたどり着いた。即席の祭壇をつくり、線香を添えた。手を合わせていると突然、スコールに見舞われた。南国特有の激しい雨に打たれながら野中さんが言った。

「息子に会うことができたおやじさんのうれし涙が降ってきたぞ」

このとき、生まれて初めて、父親を思って泣いた。連れて帰ろうと思った。遺骨代わりに小石を拾ってポケットのなかに収めた。持ち帰った小石はいま、自宅の仏壇に祭られている。

だから――。古賀さんは私に訴えた。

「小石ひとつ、砂粒ひとつにも、そこで斃《たお》れた人間の魂が宿っていると考えるのが、遺族の心情というものだ」

「遺骨土砂」について訊ねた際、返ってきたのがこのエピソードだった。

先にも触れた通り、政府は沖縄戦の激戦地となった本島南部での土砂採取を検討している。名護市辺野古の米軍新基地建設に伴う埋め立て工事に用いるためだ。なんたる暴挙か。南部一帯には戦争の犠牲を強いられた多くの県民、兵士の骨や遺品が埋もれたままだ。現在も遺骨収集が進められている。そんな地の土砂を、よりによって基地建設に使用するというのだから、多くの県民が憤るのも当然だ。

「遺骨を持たない遺族の悲しみ。これは理屈じゃないんだ。そのことを理解できないのだとすれば、無神経に過ぎる」

レイテ島から小石を持ち帰るしかなかった古賀さんの言葉は、「本土防衛」の名の下で文字通りの捨て石にされた犠牲者の無念と遺族の悲しみに重なる。古賀さんは「沖縄の犠牲を忘れないため」、新型コロナ禍以前は毎年、慰霊の日に沖縄を訪ねてきた。昨今、反戦への思い入れはますます強くなる。戦争放棄を誓った憲法の精神が軽んじられ、さらに、沖縄の人々を逆なでするような物言いばかりが目立つ政治の世界に、きなくさいものを感じているからだ。

古賀さんにレイテ島行きを勧めた野中さんはすでに鬼籍に入っている。18年に亡くなった。

実は野中さんが亡くなる半年ほど前、私は京都の事務所で彼に会っている。沖縄の基地問題について訊ねると、こんな答えが返ってきた。

「沖縄に行くと何かの罪を犯したような気持ちになる。だが、仕方あるまい。犠牲を強いてきたんですよ。沖縄県民の視線も声も受け止め、理解することが国の責任です」

野中さんは国会議員時代、「師匠」と仰ぐ山中貞則《さだのり》氏から、沖縄を「思う」大切さを教えられたという。

「琉球処分以降、日本は沖縄にずっと迷惑をかけてきたのだと山中さんは訴えておられた。だからこそ、日本人の責任として、沖縄のことを常に考え続けてきた」

野中さんには忘れられない思い出があった。60年代前半の頃だ。当時、京都府町村会会長を務めていた。京都出身の戦没者慰霊塔を建設するため、初めて沖縄を訪ねた。沖縄戦の激戦地だった嘉数《かかず》の丘にタクシーで向かった。宜野湾の街に入ったところで、タクシーの運転手が突然に車を止めて訴えた。

「このすぐ先の桑畑で私の妹が殺されたんです」

運転手は泣いていた。ハンドルを握ったままの姿勢で40分近く、動くことはなかった。

戦争の傷跡を間近で目にした野中さんは言葉を失い、ただ胸を痛めることしかできなかったという。

「そのとき、運転手さんが話してくれたんです。妹さんを死に至らしめたのは米軍ではなく、日本軍だったと」

それが野中さんにとっての沖縄の原風景である。

だから国会議員になってからも沖縄通いを続けた。政治的な立場を超えて、さまざまな人から話を聞いた。米軍が何か問題を起こしたときには、頭を下げて回った。

97年、久米島近くで米軍が劣化ウラン弾を処理したことが発覚した。米軍は、その事実を2年も経過してから日本に伝えてきた。政府はさらに、その1年後に沖縄へ伝えた。「ないがしろにされている」と沖縄県民の多くが憤った。

野中さんは沖縄に飛んだ。多くの記者が見ている前で、大田昌秀知事（当時）に謝った。

「まるで罪人のような気持ちになりました。しかし、それは当然のことだった。そうすることが、沖縄に多くの犠牲を強いてきた政府の責任でもあるんです」

97年に橋本龍太郎内閣は、軍用地主が拒んだとしても、結果的に軍用地としての土地利用を可能とする駐留軍用地特別措置法を改正したが、そのときの改正案の特別委員長を務めたのが野中さんだった。

だが、衆議院の委員会報告で野中さんは次のように述べている。

「この法律がこれから沖縄県民の上に軍靴《ぐんか》で踏みにじるような、そんな結果にならないことを、そして、私たちのような古い苦しい時代を生きてきた人間は、再び国会の審議が、どうぞ大政翼賛会のような形にならないように若い皆さんにお願いをしたい」

異例の「警告」だった。

そのときのことを、私の取材で野中氏はこう振り返った。

「こんなに簡単に決まってしまってよいのかという思いがあった。私自身、怖くなったのかもしれない」

野中さんも「怖い」という感覚を持っていたのだ。

「いまの沖縄は韓国と同じだな」

いま、政府には、そこまで沖縄に思いを寄せる者は見当たらない。国益のために基地の過重負担を当然だと捉えるばかりか、そもそも足繁く沖縄へ通う熱意すら存在しないではないか。

自民党議員をはじめ、保守を名乗る国会議員は冷淡に過ぎる。

野中さんが名を挙げた山中貞則氏は、沖縄開発庁の初代長官を務めた。山中氏は沖縄関係法案の趣旨をこのような言葉で説明している。

「県民への『償いの心』をもって、事に当たるべきである」（1971年国会答弁）

また、タカ派として知られた梶山静六《せいろく》氏も、「沖縄県民に米軍基地の大きな荷物を背負わせている」と口癖のように話していたという。

「俺は沖縄には行くことができない」と漏らしていたのは後藤田正晴氏だった。理由を問われた後藤田氏は次のように話した。

「先の大戦のことなどを考えると、沖縄に申し訳なさすぎて向ける顔がないんだ」

他にも、普天間基地の返還を決断した橋本龍太郎氏、沖縄サミット開催に尽力した小渕恵三氏など、沖縄のために奔走した自民党議員は少なくない。

みな鬼籍に入ったが、彼らには共通する沖縄への思いがあった。過酷な地上戦があったことを知り、戦後もしばらく米軍統治下に置かれ、日本国憲法すら及ばなかった沖縄の姿を知っていた。苦難の道のりを理解していた。

それが、いまやどうだ。「償い」どころか、沖縄の民意を「無視」「敵視」する者であふれている。世代交代が進み、沖縄の歴史に思いをはせる議員も党内にほとんど残っていない。

かつて自民党の沖縄振興委員長を務めたこともある山崎拓さん（元衆院議員）に、最近の同党が発信源となる「沖縄差別」について問うと、「思想の貧困だ」との答えが返ってきた。

「攻撃的、排他的で、思慮深さが見られない」

異存はない。まったくその通りだ。

私は、沖縄に米軍基地を固定化させたことにおいては、昔もいまも自民党の責任は重いと考えている。どんな理由があろうとも、どれほどの「思い」があろうとも、政府は、いや、「本土」は、沖縄に犠牲を強いてきた。

それをどれだけ自覚しているのか。多くの沖縄県民は、「ヤマトの視線」と「体温」を凝視している。

古賀さんも野中さんも、彼らの「師匠」たちも、自民党を支えた大物議員だった。沖縄ばかりに基地負担を押し付けてきた政府に関わってきたのだから、彼らとて手のひらが真っ白とは言えまい。

だが、いま、ここまで沖縄に心を寄せる与党の政治家は、おそらくいない。

2017年のうるま市長選をめぐり、自身のフェイスブックに〈市民への詐欺行為にも等しい沖縄特有のいつもの戦術〉なる文言で野党候補を中傷した古屋圭司衆院議員（当時は自民党選挙対策委員長）などがその典型だろう。

「沖縄特有」なる言葉には、明らかに沖縄への差別と偏見が透けて見える。

古屋氏の事務所に取材を申し込んだが、「フェイスブックに書かれたことがすべて。撤回する意思もない」（事務所担当者）とにべもなかった。

かつて沖縄保守の重鎮といわれ、琉球政府副主席を務めた故・瀬長《せなが》浩氏の生前のメモが16年に発見された。遺族から寄贈されたメモを保管している沖縄国際大学・前《まえ》泊《どまり》博盛《ひろもり》教授は「保守という立場で日本復帰を推し進めてきた人だが、メモには本当に日本復帰が正しいのかといった苦悶《くもん》のあとがうかがえる」と話す。

現物を見せてもらった。ていねいな筆遣いで次のように記されていた。

〈私たちが復帰しようとする日本とは何なのか〉
〈戦後の沖縄の地位そのものが差別に由来する〉

それは沖縄の「苦悶」でもある。まだ何も解決していない。いや、「日本」は苦痛を与え続けている。

保守には保守としての苦悩があり、沖縄への思いがあった。政府にも、与党にも、そして日本社会全体を見渡しても、その思いは希薄だ。

沖縄を地盤とする国場《こくば》幸之助衆院議員を取材した際、次のようなエピソードを打ち明けてくれた。

東京でおこなわれた、あるパーティの席上でのことだ。経済界の重鎮が国場議員に話しかけてきた。

「いまの沖縄は韓国と同じだな」

何のことかと聞き返した国場議員に、重鎮はこう答えたという。

「いつも文句ばかり言ってるじゃないか。こんなことではダメだよ」

愕然としたという。

「こうした感じで、沖縄の声が伝えにくい雰囲気があるのは事実です」

国場氏はそれ以上を語らない。いや、語ることができないのであろう。それもまた、いまの自民党の空気を表している。いつしか国場氏も、そうした自民党の空気に溶け込み、いまや政府の代弁者でしかない。

沖縄が「本土」と切り離された4月28日（1952年）を、「主権回復の日」に定め、政府主催の式典を開催したのは安倍政権だった。これを「屈辱」とする沖縄県民の思いは届かなかった。いや、そもそも政権には、聞く耳がない。思いもない。苦悩もない。

どこまでも軽く、どこまでも無知な、そして半笑いを伴った言葉が、沖縄の現状をあぶりだす。

史実を否定する行政の動き

大相撲で知られる両国国技館から本所方面に向かって歩くと、緑の木々に囲まれた公園にたどり着く。東京都立横網《よこあみ》町公園（墨田区）だ。

敷地の一角に置かれた鉄の塊《かたまり》は、1923（大正12）年に起こった関東大震災による火事で溶解した機械類である。焼け焦げて原形をとどめない鉄の塊は、この場所で起きた惨状を物語る。

かつては旧日本陸軍の被服廠《しょう》（軍服などの製造工場）があった場所だ。100年前、ここを公園に整備するための工事がおこなわれているさなか、震災が発生した。公園として機能する前のただの空き地に、震災の火の手から逃げてきた人々が殺到した。住宅密集地のなかに設けられた広大な空き地だ。避難場所として、そこが適地であると彼らが判断したのも当然だ。

しかし、それはさらなる悲劇の始まりとなった。強風で煽られた炎は巨大な竜巻となって、避難民の衣服や持ち込んだ家財道具に飛び火した。四方から襲った火煙に、人々が呑み込まれた。誰もが避難場所だと信じた空き地は、たちまち阿鼻叫喚の様《さま》を呈した。

ここで約3万8千人もの人々が命を落としたという。

以来、横網町公園は慰霊の地となった。亡くなった被災者の霊を供養するための慰霊堂がつくられ、毎年、震災が発生した9月1日には同所で都慰霊協会主催の大法要が営まれている。

そして74年からは、同公園内の慰霊堂に近接した一角で、もうひとつの「法要」がおこなわれるようになった。

「関東大震災朝鮮人犠牲者追悼式典」だ。

文字どおり、震災直後に虐殺された朝鮮人を追悼するものである。

震災直後、関東各地で「朝鮮人が井戸に毒を投げ入れた」「暴動を起こした」といったデマが流布された。デマを信じた人々によって多くの朝鮮人が殺された。

震災をきっかけに引き起こされた、もうひとつの「惨事」である。

この朝鮮人虐殺について、内閣府の中央防災会議は、2008年にまとめた報告書のなかで、次のように記している。

〈朝鮮人が武装蜂起し、あるいは放火するといった流言を背景に、住民の自警団や軍隊、警察の一部による殺傷事件が生じた〉

〈武器を持った多数者が非武装の少数者に暴行を加えたあげくに殺害するという虐殺

という表現が妥当する例が多かった。殺傷の対象となったのは、朝鮮人が最も多かったが、中国人、内地人（日本人）も少なからず被害にあった〉〈自然災害がこれほどの規模で人為的な殺傷行為を誘発した例は日本の災害史上、他に確認できず、大規模災害時に発生した最悪の事態〉

さらに犠牲者数については、震災の全死者（約10万5千人）のうち、「1～数％」、つまり1千～数千人の規模にあたると推定している（ちなみに、震災直後に調査した朝鮮人団体は、犠牲者の数を約6千人としている）。

状況からしても正確な人数をはじき出すことは不可能だが、政府も認めるこの虐殺の事実を否定する歴史家はいないだろう。

こうした歴史的な経緯もあり、73年に横網町公園内に朝鮮人犠牲者の追悼碑が建立され、その翌年からは各種市民団体などの共催によって追悼式典がおこなわれるようになった。

第1回の式典には、当時の美濃部亮吉・東京都知事が「51年前のむごい行為は、いまなお私たちの良心を鋭く刺します」と追悼のメッセージを寄せた。以来、歴代都知事は、この追悼式典に追悼文を送り続けたのである。

ところが——異変が起きた。

２０１７年のことだ。小池百合子都知事が、追悼文の送付を取りやめたのである。小池知事は会見においてその理由を「関東大震災で亡くなったすべての方々に追悼の意を表したい」と述べた。同じ日におこなわれる「大法要」にメッセージを寄せることで、「すべての方々」を追悼するという理屈だ。

会見場でその言葉を直接耳にした私は、強烈な違和感を覚えた。

震災の被害者を追悼するのは当然だ。一方、虐殺の被害者は「震災の被害者」ではない。震災を生き延びたにもかかわらず、人の手によって殺《あや》められた人々だ。まるで事情が違う。天災死と虐殺死を同じように扱うことで「慰霊」を合理化できるわけがない。だからこそ、たとえば、ことあるごとに「三国人発言」のような差別認識を披露していた石原慎太郎氏も含めて、歴代都知事はこれまで朝鮮人犠牲者の追悼式典にメッセージを送り続けてきたのではなかったか。

小池知事の言葉は、天災のなかに人災を閉じ込めるものだ。

以来、毎年開催される朝鮮人追悼式典で知事のメッセージが読み上げられることはなかった。

虐殺という事実にふたをするに等しい行為だ。

小池知事の追悼文送付「取りやめ」は、思わぬ余波をもたらした。

知事の判断と足並みをそろえるように、17年から新たな「追悼式」がおこなわれるようになったのだ。

朝鮮人犠牲者追悼式典とほぼ同時刻、公園内のわずか20メートル離れた場所でおこなわれるのは、「真実の関東大震災石原町犠牲者慰霊祭」（以下＝「慰霊祭」）である。「石原町」とは、墨田区石原町——つまりは会場となった横網町公園一帯を含む地域の町名だ。

要は震災によって甚大な被害を被《こうむ》った地元・石原町住民のための「慰霊祭」ということなのだが、名称の冒頭に「真実の」なる文言があることで、座が一気に匂いたつ。お祭しの方も多かろう。

そう、朝鮮人虐殺の「否定論」の立場をとる者たちがおこなった集会だ。

主催団体のひとつに名を連ねるのが「そよ風」なる女性グループである。同団体は、在日コリアンの排斥運動、ヘイト活動を繰り返してきた在特会などとも共闘してきた。付言すれば、小池知事が朝鮮人追悼式典への追悼文送付を中止した背景には、同団体による議会へのロビー活動があったことを指摘する関係者も少なくない。

また沖縄に関しても〈沖縄県民は古来、正真正銘日本人だ！〉〈沖縄は既に中国の手に渡ろうとしています。我々の手で沖縄を取り戻すのは今だ！〉なる主張をサイトに掲載するなど、いわゆる「ネトウヨ」と称されるグループのひとつでもある。

この「慰霊祭」に参加するのは、これまでハーケンクロイツや旭日旗を掲げて外国人排斥デモを主催した者など、ヘイトデモではおなじみの面々でもある。

警察官によってがっちりガードされた「慰霊祭」会場の入り口には、まるで朝鮮人犠牲者追悼式典へのあてつけであるかのように〈六千人虐殺の濡れ衣を晴らそう〉〈六千人虐殺は捏造・日本人の名誉を守ろう〉と大書された看板が掲げられる。

「慰霊祭」では当然ながら、歴史否定の言葉やヘイトスピーチが飛び交う。

「虐殺は嘘であります。まったく根拠がない。不逞《ふてい》朝鮮人が略奪、強姦などをした」

「慰安婦の強制連行などあったのか。徴用工もただの出稼ぎ」

「虐殺の事実などない。こういうことを修正しなかったから、今日の日本と韓国の紛争が起きている」

「(震災直後)確かにコミュニストによる暴動があった。テロもあった。それに対する住民の自警行動があった。虐殺ではない」

「嘘をついて日本人を冒瀆して何が面白いのか。自己満足に陥っているだけ。朝鮮人犠牲者追悼式典は、虐殺ということを政治利用しているだけだ」

「この慰霊祭は、災害便乗テロを抑制するための重要なイベントだ」

こうした言葉が飛び交う集会の、どこが「慰霊祭」なのだろう。ちなみに「そよ風」はブログにおいて〈私たちは虐殺を否定しているのではありません(中略)。6000人(という数)に疑義を呈しているのです〉と書いてはいる。だが、当日の発言者の言葉からは、そのような見解はほとんど聞かれなかった。まさに「虐殺がなかった」ことだけを訴えたいがための「イベント」だったのではないか。

虐殺否定ばかりを強調する「慰霊祭」からは、追悼も、慰霊も、ほとんどその思いを感じることはできない。

「慰霊祭」を主催した者たちの真の狙いは、おそらく朝鮮人犠牲者追悼碑の撤去と、虐殺の事実を歴史から消し去ることであろう。

追悼文送付を取りやめた小池知事の「判断」は、そこに同調したものではないのか。

2023年は関東大震災から100年という節目の年にあたる。

それは同時に、震災直後の朝鮮人虐殺から100年経ったことをも意味する。

虐殺の犠牲者は眠れない。100年を迎えるいまでも、デマと悪罵が静穏な時間を奪う。そして、幾度も殺される。

そうした時代だからこそ、もうひとつ重要なことも伝えたい。

震災直後に殺されたのは、朝鮮人だけではなかった。中国人が、そして――沖縄県民が犠牲となったのである。

関東大震災で犠牲になった沖縄出身者

京成電鉄の検見川駅《けみがわ》（千葉市）で降りて住宅街を抜ける。視界に飛び込んでくるのは、風景を断ち切るように流れる澱《よど》んだ川面だ。

鉛色の筋は静かに川波を泡立てながら東京湾に向かって伸びている。

正確には印旛《いんば》放水路という。上流に位置する印旛沼の排水を目的とした河川だが、千葉市内を抜けたあたりから花見川と名称を変える。

護岸上のサイクリングロードを自転車が行き交う。犬の散歩をする人の姿も目立つ。長閑《のどか》な光景に、この場所で起きた凄惨な事件を重ね合わせるのは難しい。

１００年前の９月５日――関東大震災の４日後である。ここに３人の男性の遺体が浮かんだ。

「報知新聞」（1923年10月17日・夕刊）は、〈三名の避難民を青年団が虐殺・検見川の惨事〉との見出しを掲げ、事件を次のように報じている。

〈先月五日午後二時頃、秋田県横手町・藤井金蔵（二六）、三重県河芸郡・真弓二郎（二二）、沖縄県中頭郡・儀間次郎（二一）の三名が東京より避難して同地海岸を通行の際、（中略）青年団員二十余名がこれを包囲し、警察署の身元証明までをも出して哀訴嘆願するも、これをきかず、乱暴にも棍棒《こんぼう》および日本刀をもって、三名の顔もわからぬ程、めちゃめちゃに惨殺したのである〉（仮名遣いと読点は筆者が補った）

この結果、「青年団」の中心メンバー4人が殺人容疑で検挙された。ここで述べられている「青年団」とは、地元青年からなる急ごしらえの自警団のことである。逮捕された4人は、いずれも20代、30代の男性だった。

「法律新聞」（1923年11月3日付）も同事件を〈千葉県下の暴行自警団〉なる見出しで次のように報じた。

〈（被害者）三名を不逞鮮人の疑いありと巡査駐在所に同行、付近に居住する人々は数百人鳶口、竹槍、日本刀等の武器を携え、右三名を鮮人と誤信し、同駐在所を襲い、窓硝子、壁等を破壊し、騒擾を極めた際、（中略）三名を針金にて縛り、殺したものである〉

当時の記録によれば、犠牲となった地方出身者3人は、いずれも東京都内で働いていたが、震災で家と職場を失い、千葉方面に避難。検見川駅近くまでたどり着いたときに、地元の自警団に捕らえられた。明らかに地元の人間でないことから誰何《すいか》され、そのやりとりのなかで方言交じり言葉のせいで朝鮮人だと誤認されたという。

そう、言葉の〝なまり〟が命取りとなったのだ。

「朝鮮人逮捕」の報は、口コミで一帯に広まった。3人は検見川駅近くの派出所に連行されたが、自警団をはじめとする地域住民が続々と押しかけてくる。住民らの多くは武装していた。いや、物理的な「武器」以上に、差別と偏見で身を固めていたことが問題だった。新聞報道の通りであれば、3人は針金で縛られて身動きできなくなったところを、棍棒で殴られた。日本刀で斬りつけられた。命乞いをしても容赦なかった。巡査は3人が地方出身者である旨を説明したようだが、集団ヒステリーは容易に鎮火しなかった。「顔もわからぬ程、めちゃめちゃ」にしたうえ、3人の遺体を近くの花見川に投げ込んだという。

これが「検見川事件」の顚末《てんまつ》だ。

前述の中央防災会議による報告書に記載されているように、犠牲者の圧倒的多数が朝鮮人だったが、中国人や日本人も殺されている。そして、殺された日本人の多くも、朝鮮人と疑われたうえで犠牲となった。民族差別、ヘイトクライムの犠牲者であることは間違いない。

日本人犠牲者のなかでも東京に出稼ぎに来ていた沖縄出身者は、関東では耳慣れない言葉のイントネーションから、「日本人」であることを疑われることが多かった。
沖縄出身で出版社・改造社の編集者、比嘉春潮《しゅんちょう》は自警団から「言葉が違う、朝鮮人だろう」と恫喝され、そのまま警察署に連行されたことを著書（『沖縄の歳月』）で述べている。またのちに沖縄の教育者として知られるようになる豊川善曄《ぜんよう》も、隅田川の橋の上で自警団に捕まり、「朝鮮人でなければ君が代を歌ってみろ」と、大声で歌うことを強要された。

ときに虐殺を煽る側にも立った警察官のなかでも、沖縄県人であるがゆえに暴行を受けた者もいる。警視庁亀戸署の城間巡査（那覇市出身。フルネームはわかっていない）は、自警団の暴走を制止しようとした際、やはり言葉の〝なまり〟を理由に「朝鮮人の偽警官」だとされ、激しく殴打されたことが当時の新聞には記録されている。

「日本語」は沖縄にとって、ときに重苦しい意味を持つ。

震災直後の悲劇だけではない。沖縄方言を口にすると「方言札」の罰を与えられた記憶を持つ人も、沖縄では少なくない。沖縄戦のさなかには、やはり「日本語が不自由」といった理由でスパイ扱いされた県民もいた。

2017年8月29日、新基地建設が進められる辺野古の米軍キャンプ・シュワブのゲート前で、抗議活動を続ける市民に対し、防衛局職員が「日本語わかりますか」と発言したことが波紋を広げた。防衛局は「退去の要請に応じてもらえなかった」ことが発言の趣旨であると抗弁したが、沖縄の住民に対する蔑視のニュアンスは隠しようがない。

同30日の参院外交防衛委員会では、沖縄県選出の伊波洋一議員（無所属）が、「沖縄県には方言差別に苦しんできた歴史がある。多くの方が侮蔑や差別と受けとめている」と小野寺五典防衛相に「日本語」発言をただした。

前述したが、16年には大阪府警の機動隊員による「土人」発言も問題となった。その際、政府は「土人発言は差別でない」と閣議決定までしている。ちなみに「沖縄の人って文法通りにしゃべれない」「きれいな日本語にならない人のほうが多い」と発言したのは前出のひろゆき氏だった。

差別と侮蔑に彩られた「本土」と沖縄の距離感。100年前と少しも変わらないのではないのか。方言を話しただけで虐殺され、スパイ扱いされた歴史を、沖縄の高齢者は忘れていない。

一方、こうした「事件」が起きるたびに勢いづくのが〝ネット言論〟の世界だ。なかでも差別と偏見、排外の気分に満ちたネトウヨの書き込みはすさまじい。

「日本語わかりますか」の暴言が報じられた際も、ネット上には沖縄を罵倒するような言葉があふれた。

「ニホンゴワカリマスカー？　極めて率直な感想だと思うし背後に大量のハングル背

負ってりゃ、そりゃ確認もするだろうさ」

「韓国語（中国語）で聞いてやれば良かったな。反応したやつからひっ捕らえろ、半分くらい消えるだろ」

「実際外人がいるんだから何が問題なんだ？」

「だっていっぱい外国人いるんだもん。どこの国のかはお察しだけど」

沖縄の基地建設に反対しているのは、日本を貶めるために工作している外国人、といったデマがここでも援用されている。いつもながらの反応ではあるが、しょせんネトウヨの放言、と放置してよいほどに、マイナーな言説でもない。ネット上に流布されるデマが「事実」として受け入れられていく。最近も、沖縄の基地問題をテーマに講演した際、聴衆から「基地建設に反対しているのは外国人ばかりではないのか？」といった質問が相次ぎ、閉口したばかりだ。

これらデマのネタ元をたどっていけば、行き着いた先には、必ずと言ってよいほどに活字メディアがある。

17年8月にも『沖縄を本当に愛してくれるのなら県民にエサを与えないでください』（ビジネス社）なる、タイトルだけでもおぞましい書籍が発行された。沖縄県民をまるで人間扱いしていない。著者は経済評論家の渡邉哲也氏とシンクタンク代表の恵《めぐみ》隆之介氏（共著）。なかでも恵氏はかつて翁長雄志県知事（当時）の〝親中度〟を論じるなかで、「翁長知事の娘は北京の大学に留学し、中国共産党幹部と結婚している」といったデマをメディアに流したことで知られる（実際は、中国留学経験もなければ、中国人との結婚歴もない）。そうした人物らによる対談をまとめた本であるだけに、中身は当然、ネトウヨ向けの燃料に満ちている。

「（反基地などの）活動には交通費などの名目で日当が出ているそうですね」

「基地反対と言えば金はいくらでももらえるんだなと、バカでも思う」

「内地の大手新聞社に落ちた在日の連中が沖縄の新聞社に入社し始めた」

「辺野古で座り込みをしている反対派の四、五割は在日韓国・朝鮮人」

在日コリアンなど外国籍住民らの〝工作〟で基地反対運動が指揮されているという手垢にまみれたデマが活字として再生産されることで、これらが繰り返し、ネットに還流される。正論で対抗しようにも、少なくともネット言論では勢いとインパクトのある言説が、より強い力をもって流通する。いつしかそれが「事実」として定着をしていく。しかも話者の一人（惠氏）が沖縄県出身であることから、どんなくだらない言説であっても、一定程度の信頼感を与えてしまうことは否めない（右派メディアが狙っているのはそこだろう）。

防衛局職員の暴言にしても、「いったい何が問題なのか」「言われても当然」といった反応が紐《ひも》づけられる。

デマによって外国人や沖縄県出身者が虐殺された関東大震災直後の風景を、単なる「昔話」だと片づけるわけにはいかない。人々を虐殺に向かわせた回路は、いまでも十分に生きているではないか。

「虐殺がなかったことにされようとしている」

深刻な表情を見せるのは、東京在住の歴史研究家で、沖縄の歴史評論誌「沖縄の軌跡」を発行する島袋和幸さん（75）だ。島袋さんは伊江島出身で、高卒後に関西に渡り、働きながら大学で学んだ。その後、東京に移り、1983年から同誌の発行を続けている。先に記した「検見川事件」についても、島袋さんはすでに30年以上、その真相を求め、追い続けている。

「朝鮮人も、沖縄人も、他の地方出身者も〝日本人〟であることを疑われて殺されたんです。その事実を直視しないどころか、事実を否定するような動きすらある。耐えがたいですよ」（島袋さん）

前述したように、東京都の小池知事は、9月1日（関東大震災の日）におこなわれている朝鮮人虐殺犠牲者の追悼式典への追悼文送付を取りやめた。

島袋さんが特に問題だと指摘するのは、虐殺の事実認識を問われたときの小池知事の答弁である。

「それぞれの受け止め方がある」「さまざまな見方がある」と。まるで歴史認識の問題であるかのように、さらっと流したのだ。

繰り返すが、虐殺の犠牲者は「震災犠牲者」とは違う。震災を生き延びたにもかかわらず、人の手によって殺められた人々である。人災を天災のなかに閉じ込めるのは、どう考えてもおかしい。しかも虐殺の事実を「受け止め方」とするのは、まさに歴史逆行、いや、歴史否定だ。

「これでは殺された方が浮かばれない」

島袋さんはいまもなお、「検見川事件」虐殺犠牲者の遺族を探し回っている。探し出し、墓に手を合わせ、その無念を共有し、悲劇を世間にも訴えたいと思っている。

「このままでは、あまり語られることのなかった『検見川事件』そのものが闇に葬り去られてしまいます」

事件犠牲者のそれぞれの出身地に足を運んだ。三重出身者の生家は判明したが、一族のその後の足どりはつかめていない。秋田出身者は、地元紙などの協力で探し回ってみたが、まだ、情報は集まっていない。困難を極めているのは沖縄出身者である。当時の新聞記事によれば「中頭郡潰太村出身・儀間次郎」となっているが、「潰太村《クワイタ》」は昔もいまも存在しない。ウチナーグチで「クエー」と表現される北谷町《ちゃたん》桑江《くわえ》地区ではないかと目星をつけて現地にも足を運んだが、遺族につながる関係者を見つけることはできなかった。

「当時は沖縄の新聞ですら、朝鮮人暴動などのデマを鵜呑《うの》みにした記事を書いている。二度とそんな時代を見たくはないし、残したくもない。そのためにも事件の全貌解明に努力していきたいと思っているんです」

いまを生きる人間の責任として、と島袋さんは付け加えるのだ。

終章

問われているものの正体

「地政学」という名の屁理屈

「地政学」という言葉を耳にするたび、名護市の多嘉山侑三さん（38）は身構える。沖縄に基地を置きたがる側の屁理屈《へりくつ》に聞こえてしまうからだ。

「自分たちが住む地域に基地はいらない。でも、沖縄なら仕方ないという理屈を正当化させるためのロジックでしかない」

国土面積の0・6％しかない、しかも戦時中に「捨て石」とされた沖縄に米軍基地が集中するのも、結局は「本土」による、こうした差別と偏見によるものだろう。

最近も、あるタレントが自らのユーチューブ番組で「射程1万キロのICBMが沖縄に配備されれば、米軍が世界の主要都市に睨《にら》みを利かせることができる」と発言して話題となった。「地政学」に基づき、沖縄に米軍基地が置かれることの必然性に言及したのだ。

「こじつけもいいところです」と多嘉山さんはため息を漏らす。

「射程1万キロのミサイルが世界の主要都市に睨みを利かせることができるというのであれば、東京や大阪に置いても構わないはず。沖縄に設置する理由はありません」

日本国民の多くは日米安保条約を支持し、米軍が日本で活動することを認めている。

にもかかわらず、基地は沖縄にあるべきだと考えるのは、まさにNIMBY（ニンビー＝Not In My Backyard）、つまり「必要だけれど我が家の裏庭には置かないで」の論理であろう。

沖縄で取材していると、そうした回路が見えてくる。沖縄では基地を容認しようが、否定しようが、常にその存在を考えざるを得ない。だが、「本土」は違う。基地を考える機会はほとんどない。いや、多くの人にとって米軍基地は「考える必要のない」ものだ。基地があるからこそ、戦場に組み込まれるかもしれないといった視点もない。無関心であり続けることが許される。「本土」と沖縄は、常に不均衡で非対称の関係だ。

であればこそ、その実情を「本土」に訴えていく必要がある。

だが多嘉山さんは「いまは県外の人に期待するのはやめた」と話す。

多嘉山さんは辺野古新基地建設で揺れる名護市で音楽教室を営みながら、基地問題などを解説するユーチューバーとしても活動してきた。平易な言葉を用いて、新基地建設の矛盾を訴える多嘉山さんの番組は、県内外に多くのファンを持つ。

そんな多嘉山さんが「期待」を失うきっかけとなったあの日を、私は思い出す。2019年6月。多嘉山さんはビデオカメラを抱えて九州に飛んだ。

「あなたの街で普天間基地を引き取りませんか？」

各所でそう訴えたのだ。

当時、私も多嘉山さんの後を追った。基地の「引き取り」を訴える沖縄の青年に、「本土」の側がどのように応答するのか、興味と関心があった。

多嘉山さんは同行した私の取材にこう答えている。

「普天間基地の移設先は辺野古である理由がない。たとえば、すでに滑走路延長の計画が進んでいる航空自衛隊の築城《ついき》基地（福岡県）や新田原《にゅうたばる》基地（宮崎県）などを移設先とすれば工費も安く済む。基地の必要性を認めているのであれば、普天間基地を丸ごと引き取ってくれてもよいはずです」

多嘉山さんは九州各地の駅頭に立ち、こうした「代案」を訴えた。

だが、正直、関心を寄せる人はそれほど多くはなかった。「基地は沖縄でいいじゃないか」と反論する人がいた。「冗談じゃない」と怒りの表情を見せる人がいた。もちろん賛意を示す人がいなかったわけではない。「応分の負担は日本で暮らす者として当然だ」と話す50代の男性は、多嘉山さんの話にじっと耳を傾けていた。

興味深い反応もあった。「基地は大歓迎」と話していた若い男性は、これまで沖縄で問題となってきた米軍がらみの事故や事件について多嘉山さんから説明を受けると、途端に態度を変えた。

「絶対反対。やっぱり基地はいらない」

こうした反応に多嘉山さんは「予想していた通り」としながら、沖縄に戻るまで複雑な表情を崩そうとはしなかった。

その後、移設先として名指しされた地域の首長が「地政学的に沖縄に基地がなければならない」と発言するなど、多嘉山さんの活動そのものが話題になることはあっても、「引き取り」議論が盛り上がることはなかった。

九州で基地の「引き取り」を訴えたときの多嘉山侑三さん

獲得したのは「基地を考えなくても済む」本土の側の「特権」を意識することだけだった。「本土」がもたらした沖縄への構造的差別が、まるで理解されていないのだ。「県外の人に期待しない」。そう至った多嘉山さんは、だからこそ、いま、沖縄を内から変えていくことの重要性を考えている。

22年9月、多嘉山さんは名護市議選に出馬し、当選を果たした。より深く地元と関わるためだ。これまで、ユーチューブ番組での発信や、新基地建設に反対する政治家の支援などをしながら、多嘉山さんが目の当たりにしたのは「基地建設には反対だが、生活のためには（建設を容認する）保守候補に投票する」といった人々の存在だった。

「基地の賛否だけで選挙結果を論じることはできないのだと痛感したんです。同時に、そうした人々にどうしたら基地問題を伝えることができるのか。特に若い世代の言葉が届きにくい既存の政治勢力の限界も感じたんです」

これまで沖縄県民は過去3回の知事選で、そして県民投票で、新基地建設に反対の意思を示してきた。一方、市町村レベルの首長選挙では建設容認を掲げる候補の当選が続く。地域には地域としての視点があり、〝発展〟に向けた疼《うず》くような思いがある。これを単なる〝ねじれ〟だと、わかったふうな物言いで片づけてしまう「本土」メディアへの反発もあった。

そんな思いを積み重ねていくなかで多嘉山さんが選んだのは、自らが議員になることだったのだ。

「民主主義が勝手に天から降ってきたと思い込んでいる〝本土〟とは違う。沖縄には闘って勝ち取ってきた歴史があるんです。そこを踏まえて、基地を押し付けられる側の本音を発信していきたい」

「本土」の無関心が、ひとりのユーチューバーを立ち上がらせたのだ。

議論した先に見た真実

沖縄に基地が集中するのは、本土の側が基地を拒んでいるからであり、その後ろめたさを隠すために「地政学」が利用されるのではないか。要するに中国に近いという地理的優位性が重要視されるのだ。これを「全くの詭弁《きべん》」と断じるのは、軍事にも詳しい前出の前衆院議員・屋良朝博さん（60）だ。

「そもそも新基地建設が辺野古でなくてはならない理由を政府は明確に示していません」

一度は議論された普天間基地の県外移設も結局は「移設先となる本土の理解を得られない」という見解によって潰されてきた。中国脅威論や地理的優位性が、それを補強する。「そもそも」と、屋良さんは続ける。

「移設すべき普天間基地にはどのような役割があるのか。それを理解すれば新基地を建設する必要などないのです」

屋良さんが指摘する普天間基地の役割は以下の三つだ。（1）空中給油機を飛ばすこと（2）有事の際、米本土から派遣される来援機を収容すること（3）地上部隊との連携訓練など。

（1）はすでに山口県の岩国基地へ移転済み。（2）も県外自衛隊基地へ移転が予定されている。となると、残るは（3）のみだが……。

「訓練だけであれば県外の他の地域でも十分に可能。県内の別のへリポートで運用もできる」

つまり、すでに機能縮小が進む普天間基地だからこそ、新たに基地をつくらなくとも十分に他でカバー可能というわけだ。

「沖縄に駐留している米軍のほとんどが海兵隊です。海兵隊はローテーション配備で常に沖縄にいるわけではない。移動のための艦艇は長崎県の佐世保にあります。即、有事に対応できるわけでもないし、だいたい『有事』と簡単に言うが、仮に戦争となれば沖縄の海兵隊だけで対応できるわけがない。本土も高みの見物などできるわけもなく、いや応なく東京も巻き込まれるのです。沖縄のハードパワーで日本を守ることができると考えることじたいが幻想です」

だからこそ普天間の代替施設が本当に必要というのであれば、全国の自治体が等しく候補地となり、国民的議論で決めなければならないのではないか。それを放棄するのは単純に面積の問題ではなく、「差別」があるからだと言わざるを得ない。そして、それを正当化、あるいは理屈を補強するためにデマが用いられる。

本書では何度も触れてきたが、「ひろゆき騒動」以降、ネット上ではまたもや沖縄に関するデマがあふれている。

「名作ドラマのリメイク放送と同じ。面白いと感じられるものは、時間が経過すると繰り返される。日本社会が沖縄をネタにして遊んでいる」

そう話すのは、前出、モバイルプリンスこと、島袋昂さん(35)だ。

「構図はマイノリティー差別や生活保護利用者バッシング、あるいは女性差別と同じです。必死に訴えている側が一方的に『不当に利益を得ているじゃないか』と疑われる。かつて『沖縄はゆすりの名人』と発言した米高官がいましたが、意識としてはそれと変わらない。それをネットに書き込むことで多くの称賛もついてくる」

基地反対運動には日当が出る、沖縄は基地がないと経済が崩壊する、沖縄に対する予算が優遇されている——。こうした根拠なきデマは結局のところ、沖縄に向けた偏見と差別が生み出したものだ。

「だから笑いながら差別する者が絶えない」

切実さも被害も無視される。陰謀論と脅威論が結びつき沖縄が笑われる。

「少し調べれば、わかるはずなんですけどねえ」

そう言いながら深いため息をつくのは第6章で登場いただいた沖縄国際大学の佐藤学教授だ。

「新聞に目を通さないのは仕方ない。しかし、発信力のあるユーチューバーの断片的な言葉だけで基地問題を学んだつもりになってしまう学生が少なくない。しかも多くの場合、その情報が間違っている。そしていつしか基地問題への関心そのものを失い、真面目に語る人たちを敬遠し、忌避し、馬鹿にする者も出てくる始末です」

ネットのデマ情報の影響だろう。最近では「基地反対運動に日当が出ている」「運動の背後には外国勢力がある」といった、おなじみの〝定番デマ〟をも、ネットの影響で信じ込む学生が増えているという。

佐藤教授はこれまで10年以上にわたって基地問題を考えるゼミを主宰してきたが、2023年度はいよいよ「閉じる」ことを決めたという。学生の間では年々、基地問題への関心が薄まり、22年のゼミ生はわずか2人。ゼミの維持が難しくなった。積極的に基地問題を学びたいと考える学生は少ない。

将来に不安を覚えながら、だが、それでも佐藤教授は米軍基地の「内実」を語ることだけはやめないと話す。

「デマは歴史を壊す。笑われて済む問題でもない」。そして――語り続ける限り理解を示してくれる若者も生まれるのだという信念も持っている。

人を見下した笑いの渦に巻き込まれることのない若者がいることも知っているからだ。

――なぜ、真剣な怒りを笑う人がいるのだと思いますか？

私の問いに、名護市で、地域住民の交流スペース「coconova」で働く具志堅秀明さん（29）はこう答えた。

「居心地の良い議論しかしてこなかったからだと思いますよ。笑うことで深い議論を避けたがる。そんなことでは何も生まれないし育たない」

名護市の地域住民の交流スペースで働く具志堅秀明さん

実は、具志堅さんは沖縄国際大学の学生だった頃、基地建設に反対する人々を冷ややかに見ていた。当然、佐藤教授とも対立した。「普天間基地はもともと何もなかった場所につくられた」と信じていた具志堅さんは、佐藤教授に激しく食ってかかったのだ。

「先生の言葉よりもネット情報を信じていました」

証拠を出してみろと迫る佐藤教授に、具志堅さんはネット情報を提示したが一蹴された。それが悔しくて、図書館や資料館を回り、普天間の歴史を調べた。

「先生を言い負かしたかった。僕のなかには〝正しさアレルギー〟みたいなものがあって、何か正論めいたことにはとにかく反発したかったんです」

戦争の記憶が色濃く残る沖縄では、年配者になるほど戦争や基地への忌避感も強くなる。「沖縄を二度と戦場にしたくない」という願いが、具志堅さんにとっては年配者から「正しさ」を押し付けられているようにも思えた。反戦平和に挑むことが、彼にとっての〝一点突破〟だったのだ。

当時は米軍基地内のバーでアルバイトをしていた。出勤時、ゲート前で見かける基地反対を訴える市民の姿も「うざい」としか思えなかった。

だから必死になって調べた。平和や基地負担の弊害を説く大人たちを言い負かすために。だから「普天間にはもともと何もなかった」ことを証明する資料を必死に探した。

だが結局、具志堅さんは普天間の歴史を覆す資料を何ひとつ見つけることができなかった。

「いま考えれば当然のことですよね。それまでの僕はネットで得ただけの知識で対抗していたのですから。僕の完敗です」

ムキになって調べた理由が、もうひとつある。

「先生もまた、ムキになって僕のような若造に食ってかかったからです。正面から、しかも真剣にかかってこられたら、こちらだって負けてはいられないと思いました」

そして一方の佐藤教授は、こう振り返るのだ。

「デマを信じる彼に私は本気で怒っていた。そして彼も本気で立ち向かってきた。付け加えるのであれば、彼はけっして笑わなかった。嘲笑して議論をすり替えるようなことをしなかった」

両者の間で生じたスパークは、真実をめぐる闘いだった。本来必要とされるのは、そうした議論ではないのか。

「笑っている暇があれば真実を探し出せばいい。あるいは既存のアプローチとは違う抵抗の手段を見つければいい。真剣に闘っている人を、生きている人を、馬鹿にすることなど許されないでしょう」(具志堅さん)

感情のぶつかり合いは、ときに人を変える。

必要なのは捨て台詞としての「論破」ではない。戦争の記憶を引きずった人々を笑うことでもない。

ネット情報から離れて私たちが考えるべきは、圧倒的な基地負担を沖縄だけに押し付けてよいのか、ということだ。真実はそこからあぶり出される。

あとがき

沖縄美ら海水族館からわずかに10キロほど——本部《もとぶ》港塩川地区（本部町）には連日、ダンプカーや大型トラックが出入りする。辺野古を埋め立てるのに必要な土砂を、運搬船に積み込むためだ。２０１８年から、こうした作業が繰り返されている。

これに多くの人が抗議する。少しでも土砂搬出を遅らせようと、市民はダンプの前に立つ。「土砂搬入をやめてくれ」と訴える。

その日も集まった人々は抗議活動を展開した。ダンプの前をゆっくり歩き、埋め立て反対の声を上げた。23年6月6日午後のことである。

作業の監視に当たっている沖縄防衛局の職員が、抗議に集まった市民に路上からの移動を促す。いつもと違ったのは、耳を疑うような言葉が職員の口から飛び出したことだった。

「きちがい行動はやめてください」

「きちがいですよ」

そのときに録音された音声データを私は何度も聞いた。この職員は少なくとも４回、市民らに向けて「きちがい」と発している。

なんの躊躇もなく、こうした言葉が飛び出したことに驚くしかない。しかも発言の主は公務中の職員（非常勤）である。とんでもないことだ。断じて許されることではない。

私は沖縄地元紙からこの件に関するコメントを求められ、概ね次のように話した。

単なる暴言では済まされない。デモ参加者に向けられた「きちがい」なる言葉は、抗議運動を侮辱し、貶めるために使われたものであり、同時に、精神障がい者に対するヘイトスピーチである。かつて東村高江では機動隊員による「土人」発言があった。社会に差別的な発言が許容されるような空気が広がっていて、公務員にさえ抵抗がなくなっているということではないか。ネット上では辺野古で抗議行動をしている市民に対して「基地外」にかけた「きちがい」という言葉が飛び交っていた。それを地方議員までまねて発言したことがあったが、本人は謝りもせず、社会では罰則もない。ネット上で飛び交っているような言葉が現実社会でも地続きで使われていて、段差がまるでない。発言になんら躊躇がないところに、いまの社会の差別に対する想像力のなさ、恐ろしさがある。さらに気になるのは、真剣に抗議している人たちに対する、嘲笑、冷笑、罵倒の態度だ。座り込みなどの手段を通じて反対運動をする人たちは奇異な存在だ、という認識が社会にあり、それが沖縄防衛局の職員にも刷り込まれているのではないか。

こうした内容のコメントをしたうえで、私は、この発言が差別であり偏見であるということを責任ある立場の者が認めなければならない、そうしなければ、同じことが繰り返されてしまうと訴えた。

同様の事例として私が思い浮かべていたのが、本書にも記した、大阪府警警察官による「土人発言」だ。あのとき、機動隊を派遣した大阪府の松井一郎知事（当時）は、反省どころか、機動隊員をねぎらい、「どっちもどっち」だと、責任を市民の側、つまりは差別される側にも押し付けた。

こうして「加害」はうやむやにされる。「被害」は放置される。差別はなかったことにされる。そして――繰り返される。

今回、防衛局は事実を認めたうえで、「不適切な発言はあってはならない」と釈明した。市民の側からの抗議に対しても「遺憾」だと回答している。

だが、差別が存在したこと、それをなくすために何をすべきなのか、といった点には言及していない。いわばフォーマットに沿った、形だけの応答に過ぎない。

差別発言の主が沖縄出身かどうかといったことは関係ないだろう。防衛局は17年8月にも、辺野古で抗議活動をしている市民に向けて「日本語わかりますか」と発言し、問題となったではないか。

日本社会が全身から発散している沖縄へ向けての差別と偏見が、真剣に闘っている者に対する嘲笑と冷笑が、それだけ行き渡っているということだ。

日本社会はそうして、沖縄をあざ笑ってきた。

新基地建設に反対する人々を「テロリスト」と呼び、在日コリアンの辛淑玉さんをその「黒幕」だと揶揄したテレビ番組も、普天間基地は田んぼのなかにあった、誰も住んでいなかったのだとデマを飛ばした人気作家や実業家も、古くは沖縄県民を「見世物」として「展示」した者たちも、それを許容してきた日本社会も、みんなそうだ。差別者であり、差別の加担者だった。

しかもいま、少なくない人が沖縄を笑っている。蔑み、バカにし、呆れながら、冷めた笑いで沖縄を語る。

私はそれがたまらなく嫌なのだ。

沖縄への同情ではない。寄り添って生きてきたわけでもない。

ただ、沖縄に犠牲を強いておきながら、その沖縄を差別し、見下すような態度を見せ続ける日本社会が許せないのだ。

２０１７年４月から18年８月にかけて、私は朝日新聞出版が発行する月刊誌「一冊の本」で、「沖縄の右派と『プロ市民』」なるタイトルで連載記事を書いた。そのタイトルが示す通り、私が批判対象としたのは真剣に怒り、生真面目に考え、歴史の過ちを繰り返すまいと声を上げている人々を「プロ市民」なるネットスラングを用いて「笑う」風潮である。本書はそれら記事をベースに大幅加筆した。

笑うな――私が訴えたいのはその一語に尽きる。辛苦に満ちた記憶を笑うな。腹の底から突き上げてくるような怒りを笑うな。出自を、属性を、国籍やルーツを笑うな。できれば笑いながら生きていたいと願う私も、差別者の笑いだけは断固としてはねつけたい。その歪んだ口元を、厳しく批判したい。

○

本書の刊行に当たっては、多くの方に協力をいただいた。取材に応じてくれたみなさん、知恵とアドバイスをくれたみなさん、ありがとうございました。

編集を担当してくれたのは、『沖縄の新聞は本当に「偏向」しているのか』（朝日新聞出版）刊行からの同志であり、なによりも大事な友人でもある同社書籍編集部の松尾信吾さんだ。沖縄出身の彼には、さまざまな局面で助けてもらった。彼の励ましと叱咤がなければ、本書を書き進めることはできなかった。この場を借りて感謝したい。

２０２３年６月

安田浩一

安田浩一（やすだ・こういち）
1964年静岡県生まれ。「週刊宝石」「サンデー毎日」記者を経て2001年からフリーに。事件、労働問題などを中心に取材・執筆活動を続ける。12年、『ネットと愛国 在特会の「闇」を追いかけて』で第34回講談社ノンフィクション賞受賞。15年「ルポ 外国人『隷属』労働者」（「G2 Vol.17」［講談社］掲載）で第46回大宅壮一ノンフィクション賞（雑誌部門）を受賞。著書に『「右翼」の戦後史』（講談社現代新書）、『沖縄の新聞は本当に「偏向」しているのか』（朝日文庫）、『団地と移民 課題最先端「空間」の闘い』（角川新書）、『ルポ 差別と貧困の外国人労働者』（光文社未来ライブラリー）など。

なぜ市民《しみん》は〝座《すわ》り込《こ》む〟のか
基地の島・沖縄の実像、戦争の記憶

2023年7月30日　第1刷発行

著　者　安田浩一

発行者　宇都宮健太朗
発行所　朝日新聞出版
〒104-8011　東京都中央区築地5-3-2
電　話　03-5541-8832（編集）
03-5540-7793（販売）

印刷製本　広研印刷株式会社

Published in Japan by Asahi Shimbun Publications Inc.
ISBN978-4-02-251900-9
定価はカバーに表示してあります。